国学经典

[清]康熙 撰

陈生玺 贾乃谦 注译

庭训格言

中州古籍出版社

·郑州·

图书在版编目(CIP)数据

庭训格言 /(清)康熙撰 ;陈生玺,贾乃谦注译 .—郑州 :中州古籍出版社,2010. 6(2025. 4 重印)
(国学经典)
ISBN 978-7-5348-3355-7

I. ①庭… Ⅱ. ①康… ②陈… ③贾… Ⅲ. ①家庭道德-中国-清前期 ②庭训格言-译文 ③庭训格言-注释 Ⅳ. ① B823.1

中国版本图书馆 CIP 数据核字(2010)第 097044 号

TINGXUN GEYAN
庭训格言

责任编辑 岳鸳鸯 刘 琳
责任校对 方伟荣
装帧设计 张 胜
美术编辑 曾晶晶

出 版 社 中州古籍出版社
地 址 河南自贸试验区郑州片区(郑东)祥盛街 27 号 6 层
邮编:450016 电话:0371-65788692
发行单位 河南省新华书店发行集团有限公司
承印单位 郑州市毛庄印刷有限公司
开 本 640 mm × 960 mm 1/16
印 张 10.25
字 数 100 千字
印 数 39 001—41 000 册
版 次 2010 年 6 月第 1 版
印 次 2025 年 4 月第 10 次印刷
定 价 16.00 元

前　言

《庭训格言》，清康熙皇帝爱新觉罗·玄烨（1654—1722）撰，其子雍正皇帝爱新觉罗·胤禛（1678—1735）笔述。玄烨八岁即皇帝位，年号康熙，在位六十一年（1661—1722），死后，四子胤禛继位，年号雍正。此书乃雍正八年（1730）胤禛追述其父在日常生活中对诸皇子的训诫而成，共二百四十六条，包括读书、修身、为政、待人、敬老、尽孝、驭下以及日常生活中的细微琐事。因为康熙帝是给他的儿子们讲的，所以很具体、生动而真实，没有什么虚饰。康熙帝为人勤苦好学，多才多艺，他虽出身于满洲皇室，但由于他的父亲顺治皇帝爱新觉罗·福临（1638—1661）服膺汉人文化，于四书、五经、《史》、《汉》、《通鉴》、诸子百家无不阅读，他的母亲孝康章皇后佟氏（佟图赖女）系汉军旗人（即早期入满洲的汉人），所以康熙皇帝是在汉人文化熏陶下成长起来的一个儒家化的皇帝。他尊崇孔孟，学宗程朱。他认为做人的首要任务是读书和修养自身。关于读书，他有许多切身的体会，他说人生在今天，要想知道千古以前的事，只有读书，读书可以使人"由一日之近，可以尽千古之远。世之读书者，生乎百世之后，而欲知百世之前，处乎一室之间，而欲悉天下之理，非书曷以致之"？由此他认为记载书籍的文字乃天下之至宝："字乃天地间之至宝，大而传古圣欲传之心法，小而记人心难记之琐事。能令古人今人隔千百年觌面共语；能使天下士隔千万里携手谈心；成人功名，佐人事业，开人识见，为人凭据，不思而得，不言而喻，岂非天地间之至宝与？"所以他本人读书特别认真，他说："朕自幼读书，间有一字未明，必加寻绎，务至明惬于心而后已。"他引朱熹的话说："读书须读到不忍舍处，方是得读书真味。"

关于修身，他主张应重视一念之差。他说："人心一念之微，不在天理，便在人欲。""人惟一心，起为念虑。念虑之正与不正，只在顷刻之间。若一念之不正，顷刻而知之，即从而正之，自不至离道之远。""是故古人治心，防于念之初生，情之未起，所以用力甚微而收功甚巨也。"这是说人修养身心应在平时一念之微处用功夫，当念虑初起时，发现不正，就应该及时纠正。对于统治者来说，许多重大事情，由于一念之差，可能铸成千古大错。所以"一念之差"特别重要，绝不可忽视。所以他又说："凡人处世，惟当常寻欢喜。欢喜处自有一番吉祥景象。盖喜则动善念，怒则动恶念。是故古语云：'人生一善念，善虽未为，而吉神已随之；人生一恶念，恶虽未为，而凶神已随之。'此诚至理也夫！"

关于改过，他说："凡人孰能无过？但人有过，多不自任为过。朕则不然。"他举三藩之乱说："曩者三逆未叛之先，朕与议政诸王大臣议迁藩之事，内中有言当迁者，有言不可迁者。然在当日之势，迁之亦叛，即不迁亦叛，遂定迁藩之议。三逆既叛，大学士索额图奏曰：'前议三藩当迁者，皆宜正以国法。'朕曰：'不可。廷议之时，言三藩当迁者，朕实主之。今事至此，岂可归过于他人？'时在廷诸臣一闻朕旨，莫不感激涕零、心悦诚服。"三藩之乱是康熙帝在位时一件重大战事，当时对于迁藩意见不一，一些大臣认为迁藩会引起重大事端，主张不迁。康熙帝时年二十，年轻气盛，主张迁藩，他认为迁之亦叛，不迁亦叛，还不如及早先发制人。有些大臣看到皇帝主张迁藩，也随声附和，结果三藩果叛，顿时形势非常紧张。所以索额图便主张对主迁藩者应予严办，康熙帝主动出来承当了责任，才使得其他人免遭处分。实际上三藩之乱是由清朝主动迁藩挑起的，清朝虽然最后取得了平叛的胜利，但从康熙十二年至康熙二十年进行了长达八年的战争，也是险胜。

关于孝道，他说："凡人尽孝道欲得父母之欢心者，不在衣食之奉养也。惟持善心、行合道理以慰父母，而得其欢心，斯可谓真孝者矣。"这就是说对父母的孝，不单纯是衣食的供养，只有持着善心，所作所为合乎道理，使父母心里喜欢，这才是真孝。关于这个问题，孔子曾经讲过："子游问孝，子曰：'今之孝者是谓能养，至于犬马，皆能有养，不敬，何以别乎？'"子游问怎么才算是孝，孔子说："现今的孝，只是说能养活父母，人对狗马都能养活，若不恭敬，怎么去区别呢？"又说："子夏问孝，子曰：'色难。'"这是说孝难在对父母有一个和悦的面色。由此可见，所谓孝，除了衣食的赡养而外，要有一个恭敬和悦的面色对待父母，使之欢心，这才是真正的孝道了。

读书与处理政事两者之间往往发生尖锐的对立。当政者认为读书者的主张是书生气，不实用；读书者则认为，当政者的行为圆滑而无是非原则。对此康熙帝说："道理之载于典籍者，一定而有限；而天下事千变万化，其端无穷。故世之苦读书者，往往遇事有执泥处；而经历事故多者，又每逐事圆融而无定见。此皆一偏之见。朕则谓：当读书时，须要体认世务；而应事时，又当据书理而审其事宜。如此，方免二者之弊。"这算是一语道破了学与用的关系。

关于饮酒和吸烟，他认为酒“伤身乱行，莫此为甚”。他自己很少饮酒。烟草初名淡巴菰，由朝鲜传入辽东，满洲人老少多会吸烟，他原先也是会吸烟的，为了禁止别人吸烟，他自己先戒了。他说：“如朕为人上者，欲法令之行，惟身先之，而人自从。即如吃烟一节，虽不甚关系，然火烛之起多由于此，故朕时时禁止。然朕非不会吃烟，幼时在养母家颇善于吃烟。今禁人而己用之，将何以服人？因而永不用也。”

康熙帝虽是一个皇帝，但他对于底层的人情世故了解得非常清楚，而且也有切身的体会，他说：“世人秉性何等无之？有一等拗性人，人以为好者，彼以为不好；人以为是者，彼反以为非。此等人似乎忠直，如或用之，必然偾事。故古人云‘好人之所恶，恶人之所好，是谓拂人之性，灾必逮夫身’者，此等人之谓也。”又有一种人，“人有病请医疗治，必以病之始末详告，医者乃可意会，而治之亦易。往往有人不以病源告之，反试医人之能识其病与否，以为论难，则是自误其身矣”。

他还多次告诫儿子们，不要骂人：“今外边之无赖小人及太监等，惯詈骂人，且动辄发誓，亦如骂人之语，皆出自口。我等为人上者，断乎不可……污秽之言，轻出自口，所损大矣。尔等切记之！”

他还强调读书的重要性，说：“一句名言提醒千百年以下之人，使知前车之覆，而为后车之戒也。”……这些训言，都很值得一读。

此外也应该指出，康熙帝作为清朝的一个皇帝，他要维护满洲贵族的特权地位。他劝满洲人进入中原以后，不要浸染汉俗而丢掉自己的祖宗尚骑射的传统。他说：“我朝旧典，断不可失……今住京师已七十余年，居此汉地，八旗满洲后生微微染于汉习者，未免有之，惟在我等在上之人常念及此，时时训戒。在昔金、元二代，后世君长因居汉地年久，渐入汉俗，竟如汉人者有之。朕深鉴此而屡训尔等者，诚为我朝之首务，命尔等人人紧记，著意谨遵故也。”事实上这是不可能的，满族在关外是渔猎经济，连文字都没有。在努尔哈赤时代，明万历二十七年（1599）才借用蒙古文字母拼成满语。在皇太极时代，明崇祯五年（1632）又在原字母上加圈加点，才成为比较完整的满文。其文化信仰近似于巫术的萨满。进入辽东和中原地区之后，一方面汉族丰富的农产品和内容丰富的儒家文化典籍就很自然地吸引他们融入这一地区的生活和文化当中，他们也必须依照中原地区相沿已久的制度进行统治。另一方面他们进入中原之后生存环境得到了大大的改善，这是他们久已向往的，他们过去在关外向明朝定期朝贡、领取敕书，就是为了通过贸易得到中原地区的物品。过去金、元二代的统治者也是这样，也曾告诫他的人民，不要浸染汉俗，都没有发生作用。在清朝不仅康熙帝发出这种旨令，乾隆帝也曾多次告诫满洲人要保持善于骑射的传统，不要浸染汉俗，照样没有发生作用。落后与先进之间的交流，贫乏与富足之间的比较，落后的东西自然会被淘汰，富足的生活乃人们的向往，任何一个民族都是这样，这是历史的必然。满洲贵族进入中原，虽然是征服者和统治者，强迫汉人剃发易服，想以此使汉人同化于满人，这一行为除了增加民族仇恨而外，没有什么实际的作用。当然这一暴行的始作俑者是多尔衮，有清一代，表面上男人一律剃头垂辫，但在实际生活中他们已经不自觉地融入以汉族为主体的中华民族的大家庭之中了。康熙帝的许多庭训也充分反映了他是如何吸收汉人文化丰富自己的。

为了阅读方便起见，我们分段落加上了相关标题。本书第一条“以诚敬接物待人，不务虚名”至第三十三条“凡人持身处世，当存恕存心”为天津师范大学贾乃谦译注，从第三十四条

"赏罚乃代天宣教，非操柄者所得私"至第六十七条"一句名言提醒千百年以下之人"为我所译注，最后全文由我修改定稿。从1995年贾乃谦和我开始合作译注《帝鉴图说》，继之译注张居正讲评《资治通鉴》、《论语》、《孟子》、《大学》、《中庸》等皇家读本，颇受读者欢迎。至最后合作译注这本《庭训格言》，十几年来我们两人亲密合作，相得益彰，对于弘扬国学传统也算是添砖加瓦。乃谦交出本书部分译注稿之后忽于去岁12月11日辞世，终年八十岁。呜呼，光阴不催人自老，时势往往出人意料，友人西去，不胜感慨，谨以这本译注作为我们两人最后合作之纪念。

陈生玺

2010年3月22日于天津南开大学寓所

目 录

一、以诚敬接物待人，不务虚名

训曰：元旦乃履端令节[①]，生日为载诞昌期[②]，皆系喜庆之辰，宜心平气和，言语吉祥。所以，朕于此等日[③]，必欣悦以酬令节。

训曰：吾人凡事惟当以诚，而无务虚名。朕自幼登极[④]，凡祀坛庙、礼神佛[⑤]，必以诚敬存心。即理事务、对诸大臣，总以实心相待，不务虚名。故朕所行事，一出于真诚，无纤毫虚饰。

训曰：凡人于事务之来，无论大小，必审之又审，方无遗虑。故孔子云："不曰'如之何，如之何'者，吾未如之何也已矣。"[⑥]诚至言也。

训曰：人君以天下之耳目为耳目，以天下之心思为心思，何患闻见之不广？舜惟好问、好察，故能"明四目，达四聪"[⑦]，所以称大智也。

训曰：凡天下事不可轻忽，虽至微、至易者，皆当以慎重处之。慎重者，敬也。当无事时，敬以自持；而有事时，即敬以应事，务必谨终如始[⑧]。慎修思永[⑨]，习以安焉[⑩]，自无废事。盖敬以存心，则心体湛然[⑪]。居中，即如主人在家，自能整饬家务，此古人所谓"敬以直内"也[⑫]。《礼记》篇首以"毋不敬"冠之[⑬]，圣人一言，至理备焉。

训曰：为人上者[⑭]，用人虽宜信，然亦不可遽信。在下者，常视上意所向而巧以投之，一有偏好，则下必投其所好以诱之。朕于诸艺无所不能，尔等曾见我偏好一艺乎？是故凡艺俱不能溺我。

［注释］

①履端：推步历之初始，以为书历端首。即指一年之开端。履，步也。令节：佳节。②载诞：记载生日。昌期：昌盛兴隆之期，此指喜庆之日。③朕：从秦始皇开始专用于皇帝自称。④登极：康熙帝八岁时即皇帝位。⑤祀坛庙：祭祀天坛、地坛、祖庙。礼神佛：礼拜供奉神佛。⑥“不曰‘如之何，如之何’者”二句：语出《论语·卫灵公》。意谓：一个人遇事不思考怎么办，对这种人，我也不知怎么办了。即指不动脑的人，不堪造就。⑦明四目，达四聪：语出《尚书·舜典》。意谓：明察四边政事，听取四方意见。博览兼听，能使深者不隐，远者不塞。⑧谨终如始：做事终了时，仍如开始时一样谨慎。⑨慎修思永：语出《尚书·皋陶谟》：“慎厥身，修思永。”谓谨慎修养自身，并且思虑深远。⑩习以安焉：养成习惯就安定了。⑪湛：清澈。⑫敬以直内：语出《易·坤·文言》：“君子敬以直内，义以方外。”谓君子以敬使内心正直，以处事合宜对外方正。⑬毋不敬：语出《礼记·曲礼上》：“毋不敬……安民哉！”谓君主行礼时要做到十分恭敬……这可使人民安定啊！就是说行为规范要以敬为基础。⑭为人上者：指处于统治地位的人。

［译文］

训教说：元旦是一年开端的佳节，生日是载录诞辰的吉期，都是喜庆的日子，应当心情平和，言语吉利。所以，我在这类日子里，必定由衷喜悦地应对佳节。

训教说：我们凡事都应当出于诚心诚意，而不要只图虚名。我以幼年即皇帝位，凡是祭祀天地祖先，敬奉神佛，必定拿出诚敬之心。就是治理政事、对待大臣也总是拿真诚之心对待，不图虚名。所以我行事都出于真诚，没有丝毫虚假掩饰。

训教说：凡人在遇到事务的时候，不论大事小事，一定要审慎再审慎，这样才不会使过后不放心。所以孔子说：“一个人遇事不思考怎么办，对这种人，我也不知道怎么办了。”这实在是道理深刻的话。

训教说：作为国君如果能以天下人的耳目为耳目，以天下人的心思为心思，还怎么会忧虑耳闻目睹之不够广泛？虞舜就特别好下问、好察看，所以能明鉴四边的事，通达四方的声音，因而被称为大智之人。

训教说：凡是天下之事，都不可轻易疏忽，即使是最微小、最简易的事都应当用慎重的态度去处置。慎重，就是心存诚敬。在没事时自己心存诚敬；有事时以诚敬的态度来对待事情，务必要到终了也如开始一样谨慎。要谨慎修身思虑深远，坚持练习使之成习惯，自然没有空废的事。大概居心以敬，就内心清澈。身在朝廷，就如同主人在家，自然能整顿好家务，这就是古人所说的“敬以直内”。《礼记》开篇头一句就讲“毋不敬”，圣人一句话就讲出了至理。

训教说：作为君主，用人虽应信任所用的人，但也不可立即全信。处于下位的人常常窥视人君意图习尚而取巧迎合，人君一旦有了偏好，那下面必迎合你的偏好，加以引诱。我对各般技艺无所不好，你们曾经见到我偏好哪一项技艺吗？所以，凡是各种技艺都不能使我沉湎。

二、看书不为书所愚，始善

训曰：凡看书不为书所愚，始善。即如董子所云：“风不鸣条，雨不破块，谓之升平世界。”[①]果使风不鸣条，则万物何以鼓动发生？雨不破块，则田亩如何耕作布种？以此观之，俱系粉饰空文而已。似此者，皆不可信以为真也。

训曰：朕八岁登极，即知黾勉学问。彼时教我句读者[②]，有张、林二内侍[③]，俱系明时多读书人。其教书惟以经书为要，至于诗文则在所后。及至十七八，更笃于学，逐日未理事前，五更即起诵读[④]；日暮理事稍暇，复讲论琢磨。竟至过劳，痰中带血，亦未少辍。朕少年好学如此，更耽好笔墨。有翰林沈荃[⑤]，素学明时董其昌字体[⑥]，曾教我书法。张、林二内侍俱及见明时善于书法之人，亦常指示。故朕之书法，有异于寻常人者，以此。

［注释］

①董子：董仲舒（前179—前104），汉代广川人，专治《春秋公羊传》。汉武帝时他提出推尊儒术，抑黜百家，开此后两千年儒学正统，著有《春秋繁露》等书。“风不鸣条”三句：语出董仲舒《雨雹对》“太平之世则风不鸣条，开甲散萌而已；雨不破块，润叶津基而已”句，谓刮风不使树枝作响，下雨不打碎土块，这就可称太平世界了。②句读（dòu）：唐代以下经文语绝处谓之句，语未绝而点分之以便诵咏，谓之读。句读属断句体例，而句号、逗号为标点符号体例，不能简单等同。③内侍：指宦官。④五更：古代计时，一夜五更，五更即天刚蒙蒙亮时。⑤翰林：指翰林学士。沈荃：字贞蕤，号绎堂。清顺治进士，累官詹事府兼翰林院侍读学士，工书善诗。⑥董其昌（1555—1636）：明代书画家，松江华亭（今上海松江区）人，字玄宰。万历进士，授编修、皇长子讲官。擅长书画诗文，著有《容台集》、《学科考略》、《画禅室随笔》等。

［译文］

训教说：凡是看书不为书所愚弄，那才好。就如董仲舒所说：“风不鸣条，雨不破块，谓之升平世界。”假如真的使风不鸣条，那万物何从受鼓动而生长啊？雨如不击碎土块，那田地怎么耕作布种呢？由此可见，这都是粉饰空文罢了。像这样的文章都不可信以为真的。

训教说：我八岁即皇帝位，就知道勉力求学。那时教我句读的有姓张、姓林的两位内侍，都是明代读过很多书的人。他们教我读书只以经书为主，至于诗文就置于其后。到了十七八岁，更诚挚地向学，每天未处理政事以前，天刚亮就起床诵读；傍晚处理政事稍有余暇，又去讲论琢磨书文，以致过于劳累痰中带血，也没有稍稍停歇。我少年时就这样好学，更爱好笔墨。有个叫沈荃的翰林学士，素来学明人董其昌字体，曾教我写字。张、林两位内侍都是曾经见到过明代精于书法的人，也常常给我指教。我的书法之所以能异于寻常人，就是由于这个原因。

三、养生和治理天下之道皆在圣贤经书之中

训曰：节饮食，慎起居，实却病之良方[①]。

训曰：凡人修身治性[②]，皆当谨于素日。朕于六月大暑之时，不用扇，不除冠，此皆平日不自放纵而能者也。

训曰：汝等见朕于夏月盛暑不开窗，不纳风凉者，皆因自幼习惯，亦由心静故身不热。此正古人所谓“但能心静即身凉”也。且夏月不贪风凉，于身亦大有益。盖夏月盛阴在内[③]，倘取一时风凉之适意，反将暑热闭于腠理[④]。彼时不觉其害，后来或致成疾。每见人秋深多有肚腹不调者，皆因外贪风凉而内闭暑热之所致也。

训曰：凡人养生之道，无过于圣人所留之经书。故朕惟训汝等熟习五经、四书[⑤]，性理诚以其中[⑥]。凡存心养性立命之道，无所不具故也。看此等书，不胜于习各种杂学乎[⑦]？

训曰：《书经》者[⑧]，虞、夏、商、周治天下之大法也[⑨]。《书传·序》云[⑩]：“二帝三王之治本于道[⑪]，二帝三王之道本于心，得其心，则道与治固可得而言矣。”盖道心为人心之主[⑫]，而心法为治法之原[⑬]。精一执中者[⑭]，尧、舜、禹相授之心法也。建中建极者[⑮]，商汤、周武相传之心法也。德也仁也，敬与诚也。言虽殊而理则一，所以明此心之微妙也，帝王之家所必当讲读，故朕训教汝曹皆令诵习。然《书》虽以道政事，而上而天

道[16]，下而地理[17]，中而人事，无不备于其间，实所谓贯三才而亘万古者也[18]。言乎天道，《虞书》之治历明时可验也[19]；言乎地理，《禹贡》之山川田赋可考也[20]；言乎君道，则典、谟、训、诰之微言可详也[21]；言乎臣道，则都俞吁咈告诫、敷陈之忠诚可见也[22]；言乎理数[23]，则箕子《洪范》之九畴可叙也[24]；言乎修德立功，则六府三事、礼乐兵农[25]，历历可举也。然则帝王之家固必当讲读，即仕宦人家有志于事君治民之责者，亦必当讲读。孟子曰："欲为君，尽君道；欲为臣，尽臣道。二者皆法尧、舜而已矣。"[26]在大贤希圣之心[27]，言必称尧、舜。朕则兢业自勉，惟思体诸身心，措诸政治，勿负乎天佑下民，作君作师之意已耳。

［注释］

①却病：祛除疾病。②治性：修养品性。③盛（shèng）阴：旺盛的阴气。④腠（còu）理：中医学所讲人体肌肤之间的空隙纹理，气血津液流通之处。腠理处连皮肤，为元气散布、汗液渗泄之通路。⑤五经：指《诗》、《书》、《礼》、《易》、《春秋》。四书：指《大学》、《中庸》、《论语》、《孟子》。⑥性理：性情和义理。⑦杂学：科举之学以外各科学识。⑧《书经》：即《尚书》，中国上古历史文献，追述古代事迹著作汇编。⑨虞、夏、商、周：指虞舜、夏朝、商朝、周朝。⑩《书传・序》：南宋朱熹弟子蔡沈编撰的《书集传・序》。⑪二帝：唐尧、虞舜。三王：指夏禹、商汤、周武王。夏禹是夏后氏部落长，夏王朝创始者，姒姓。商汤是商朝开创者，名履，灭夏建商。周武王是西周王朝创立者，姬姓，名发，继其父文王遗志，灭商，建西周。道：事物的道理、规律。⑫道心：道德义理之心。人心：感于事物的意念之心。⑬心法：指修心养性的方法。⑭精一执中：语出《尚书・大禹谟》："人心惟危，道心惟微，惟精惟一，允执厥中。"这是朱熹关于人性论的十六字心传，谓精纯的道德修养与中庸之道。精一，道德修养的精神纯一；执中，实行中庸之道，无过无不及。⑮建中：建立中正之道，以为共同准则。建极：建立法度、准则。⑯天道：自然规律。古人认为天道是支配人类命运的天神意志。

⑰地理：山川土地的环境形势。⑱三才：天、地、人。⑲《虞书》：即《尚书》中的《尧典》、《皋陶谟》、《舜典》、《大禹谟》、《益稷》五篇。治历：制定历法。明时：阐明天时变化。⑳《禹贡》：《尚书·夏书》篇名，将当时中国划分为九州，记述各地山川、交通、物产、贡赋等级，保存了我国上古重要的地理资料。是我国最早的地理学著作。㉑典、谟、训、诰：《尚书》中几种文体。典，记君王言论、事迹，如《尧典》；谟，记君臣谈话、谋议大事的内容，如《皋陶谟》；训，为臣下对君王劝教之辞，传达历史教训，如《伊训》；诰，记君王对臣民的告诫，如《汤诰》。㉒都（dū）俞（yú）吁（yù）咈（fú）：感叹词。都，表示赞美。俞，表示同意。吁，呼求。咈，拂逆。㉓理数：治理的方法、方略。㉔箕（jī）子：殷纣王叔父。封于箕（今山西太谷东北）。纣暴虐，箕子劝谏，不听，被囚禁。箕，国名。子，爵也。《洪范》：《尚书》篇名，周武王灭商第二年访问箕子，箕子为武王而作，陈述天地之大法。九畴：九种法则，传说禹继鲧治洪水，天帝赐他九种治理国家的大法（一、五行；二、五事；三、八政；四、五纪；五、皇极；六、三德；七、稽疑；八、庶征；九、五福六吉），皇极作为君主统治的准则，为全部大法的中心，其余各畴是建立皇极的统治手段和方法。㉕六府：古以水、火、金、木、土、谷为六府。此指人民生活所需物资。三事：正德、利用、厚生。礼：指古代贵族等级制度下的社会规范和道德规范。㉖孟子（约前372—前289）：名轲，战国邹国（今山东邹城市东南）人。子思门人，晚年与其徒公孙丑、万章等著书立说，继承孔子学说，兼言仁义。著有《孟子》一书。“欲为君”五句：语出《孟子·离娄上》。意谓：作为君主，就要尽君主之道；作为臣子，就要尽臣子之道。两者只要都取法尧、舜就行了。㉗大贤：智德甚高者。希圣：仰慕达到圣人的境界。

［译文］

训教说：节制饮食，谨慎起居，实在是祛病的良方。

训教说：人人陶冶身心、涵养品德都应该在平日里就行事谨慎。我在六月盛暑酷热的时候，不用扇子，不脱帽，这都是平常日子不放纵自己才能做到的。

训教说：你们都看见了，我在夏天盛暑季节不开窗，不去贪风凉，都因为自幼养成习惯了，也是由于心静所以身体不燥热。这正是古人所说“只要能心静，就会身自凉”。并且夏天不贪风凉，对于身体也大有益处。大概夏天阴寒埋藏在身内，倘若只贪一时风凉的称心，反而把暑热封闭在皮下，那时不会感到它的危害，以后或许因而成病。往往看到有人秋深多有肠胃不调的，都是由外贪风凉而内闭暑热导致的。

训教说：凡人养生之道，没有超出圣人所留经籍的。所以我只让你们熟读五经、四书，性情义理之学确实都在其中。凡存心涵养品性、安身立命的道理，没有不具备的。看这些书不胜过去学各种杂学吗？

训教说：《书经》是虞、夏、商、周治理天下的根本大法。《书集传·序》说：“二帝三王之治本源于道，二帝三王之道本源于心，能够了解其心，则道与治就可得而言说了。”大概道德义理之心，乃为人意念之心的主宰，而修心养性的方法，乃为治的本源。精粹纯一、不偏不倚是尧、舜、禹相继传授的心法。建立法度使天下之人各得其中，是商汤、周武相授的心法。德啊，仁啊，敬与诚啊，说来虽各有不同，可是其理是同样的，都是阐明这心的微妙的，帝王人家必定要讲论研读，所以我训教你们都要诵读学习。虽然《书经》讲的是政事，可是上至天道，下至地理，中兼人事，没有不完备于其中间的，实在是所谓贯通于天、地、人三才，横亘于万古的啊！说到天象，有《虞书》制定历法、阐明天时的变化可以证验；说到地理，《禹贡》讲山川田赋可以证验；说到为君之道，那典、谟、训、诰这些含义精微、深远的言辞都说得很详细；说到为臣之道，则君臣之间言语讨论，臣下直言进谏告诫陈说对君王的忠诚，清晰可见；说到治理方法，那箕子《洪范》的九种大法说得非常明白了；说到修养德行、建立功业，那六府三事、礼乐兵农分明可数。如此，帝王之家一定要讲论研读，就是仕宦人家有志于侍奉君王、治理百姓的人，也一定要研读讲论。孟子说："想为君的尽君道，想为臣的尽臣道，都效法尧、舜就可以了。"大贤仰慕圣人之心，言语必称道尧舜。我就是兢兢业业，自我勉励，只想把尧舜思想体现于身心，用于政治，不辜负上天辅佑百姓，让我作君作师的本意罢了。

四、修德之功莫大于主敬

训曰：子曰："鬼神之为德，其盛矣乎！使天下之人，齐明盛服，以承祭祀，洋洋乎如在其上，如在其左右。"①盖明有礼乐，幽则有鬼神②。然敬鬼神之心，非为祸福之故，乃所以全吾身之正气也。是故君子修德之功，莫大于主敬③。内主于敬，则非僻之心无自而动④；外主于敬，则惰慢之气无自而生。念念敬斯念念正，时时敬斯时时正，事事敬斯事事正，君子无在而不敬，故无在而不正。《诗》曰⑤："明明在下，赫赫在上。"⑥"维此文王，小心翼翼。昭事上帝，聿怀多福。"⑦其斯之谓与？

训曰：凡理大小事务，皆当一体留心。古人所谓防微杜渐者⑧，以事虽小而不防之，则必渐大；渐而不杜，必至于不可杜也。

［注释］

①"鬼神之为德"七句：语出《礼记·中庸》。意谓：鬼神的德行，真是盛大得很啊！让天下人都斋戒净心，穿起严肃的祭服，举行祭神祭祖仪式，心中想象着鬼神仿佛就在头顶上方，如在身旁。齐（zhāi），通"斋"，斋戒；明，洁净；承，承当；祭祀，祭神、祭祖；洋洋，流动充满的样子。②明：明处，人间。幽：暗处，阴间。③主敬：宋明理学道德修养方法。指内心对任何事情都采取敬重、严肃、认真的态度，以此加强道德修养，错误的念头就不会

产生。④非僻：邪僻。⑤《诗》：指《诗经》。中国最早的诗歌总集，分风、雅、颂三部。⑥“明明在下”二句：语出《诗·大雅·大明》。意谓：周文王的盛德广布于下民，赫赫的神灵显在天上。⑦“维此文王”四句：语出《诗·大明》。意谓：就是这文王，小心谨慎地敬事上帝，招来幸福无限。⑧防微杜渐：坏事萌发时及时制止，防止其发展。杜，堵塞。

［译文］

训教说：夫子曰：“鬼神的德行，真是盛大得很啊！让天下人都斋戒净心，穿起严肃的祭服，举行祭神、祭祖仪式，心中想象着鬼神仿佛就在头顶上方，如在身旁。”大概明处有礼乐，阴间有鬼神。可是崇敬鬼神的心境，不是为了祸福的缘故，而是其所以保全我们身心的正气。所以君子修养品德的功夫没有大于主敬的。内心主于敬，那邪僻的心就无从而动；外在主于敬，那懒惰散漫之气就无从产生。每个心念敬，则每个心念正；时时主敬，就时时端正；事事主敬，就事事端正。君子无处不主敬，所以无处不端正。《诗经》说：“清明的德行广布于下，赫赫的神灵显在天上。”又说：“就是这个文王小心谨慎，明白怎样尊奉上帝，招来幸福无限。”不就是说的这个吗？

训教说：不论处理大小事情都应当一样当心。正如古人所说防止失误在萌芽阶段，以为事小而不加防范，就必定逐渐成为大事；初萌不防止，必定发展到不可遏制的地步。

五、仁者以万物为一体，无不爱

训曰：仁者以万物为一体。恻隐之心，触处发现[①]。故极其量，则民胞物与[②]，无所不周。而语其心，则慈祥恺悌[③]，随感而应。凡有利于人者，则为之；凡有不利于人者，则去之。事无大小，心自无穷，尽我心力，随分各得也[④]。

训曰：仁者无不爱。凡爱人爱物，皆爱也。故其所感甚深，所及甚广。在上则人咸戴焉，在下则人咸亲焉。己逸，而必念人之劳；己安，则必思人之苦。万物一体，痌瘝切身[⑤]，斯为德之盛、仁之至。

训曰：凡人孰能无过？但人有过，多不自任为过[⑥]。朕则不然。于闲言中偶有遗忘而误怪他人者，必自任其过，而曰“此朕之误也”。惟其如此，使令人等竟至为所感动而自觉不安者有之。大凡能自任过者，大人居多也。

训曰：《虞书》云：“宥过无大。”[⑦]孔子云：“过而不改，是谓过矣。”[⑧]凡人孰能无过？若过而能改，即自新迁善之机[⑨]，故人以改过为贵。其实，能改过者，无论所犯事之大小，皆不当罪之也。

[注释]

①触处：随处，到处。②民胞物与：以民为同胞，以物为朋友，泛爱一切人与物。③恺（kǎi）悌：和悦平易。④随分（fèn）：照样，随意。⑤痌瘝（tōng guān）：病痛。⑥任：承担。⑦宥（yòu）过无大：语出《尚书·大禹谟》。宽恕过失不论大小。⑧“过而不改”二句：语出《论语·卫灵公》。有过错不去改正，就是真正的过错了。⑨自新迁善：改过自新以从善。机：事物关键。

[译文]

训教说：仁者认为万物都是一样的。同情仁爱的心随处都能表现出来。所以这仁爱之心达到极致，就是把黎民都视为同胞，把万物都视为朋友，爱心所施，无所不包。说到他的心就慈祥和悦，随着感遇之物产生相应的反应。凡是有利于人的事就会做，凡是不利于人的事就取消它。事不论大小，从内心来说没有穷尽，竭尽我的心志，使各人都能有所得。

训教说：仁者没有不爱的。凡爱其人和爱物，都是爱，所以感触就很深切，所涉及的很广。若在上位就人人都感恩戴德，在下位就人人都感到亲切。自己逸乐，就必然想到他人的辛劳；自己安泰，就必然想到他人的辛苦。万事万物俱为一体，对他人的病痛感同身受，这就是为德之盛，为仁之至。

训教说：凡是人谁能没有过失？可是有人有过失，往往不能自己承当其过失。我就不然。在平时闲语中，偶然因遗忘而错怪他人，必定自己承当那过错，就说“这是我的过错”。正由于这样，才使人们竟深为此所感动，而自觉内心不安。大概凡是能够自己承当过失的，德行高尚的人居多。

训教说：《尚书·虞书》说：“宽恕过失，不论多大。”孔子说：“有过错而不改正，那就真是过错了。”凡是人谁能没有过失？若是有过失而能主动改正，就是自新从善的关键。所以人以能改正错误为可贵。其实能改正过错的人，不论所犯过失大小，都不该惩处他。

六、我从来不委过于人

训曰：曩者三逆未叛之先[①]，朕与议政诸王大臣议迁藩之事[②]，内中有言当迁者，有言不可迁者。然在当日之势，迁之亦叛，即不迁亦叛，遂定迁藩之议[③]。三逆既叛，大学士索额图奏曰[④]：“前议三藩当迁者，皆宜正以国法。”朕曰：“不可。廷议之时，言三藩当迁者，朕实主之。今事至此，岂可归过于他人？”时在廷诸臣一闻朕旨，莫不感激涕零、心悦诚服。朕从来诸事不肯委罪于人，矧军国大事而肯卸过于诸大臣乎？

训曰：尔等凡居家在外，惟宜洁净。人平日洁净，则清气著身。若近污秽，则为浊气所染，而清明之气渐为所蒙蔽矣。

训曰：朕幼年习射[⑤]，耆旧人教射者[⑥]，断不以朕射为善。诸人皆称曰善，彼独以为否，故朕能骑射精熟。尔等甚不可被虚意承顺赞美之言所欺诸。凡学问皆应以此存心可也。

[注释]

①曩（nǎng）：以往。三逆：康熙朝，降将吴三桂、耿精忠、尚可喜三人发动反清叛乱，故称“三逆”。②议政诸王大臣：议政王大臣，由位尊权重的满洲王公贵族充当。军国要务交议政大臣议决。权在三院、内阁之上。③迁藩：指镇守边疆的藩王掌握重兵、割据一方，对中央形成威胁，康熙帝为加强集中统一之势，要将他们迁离驻地，未及实施，三藩叛乱，终被康熙帝平定。④大学士：清代大学士协助皇帝处理政事，发布诏令，表率百僚，遂若宰相之职。索额图（？—1703）：满洲正黄旗人，索尼之子，康熙时参与对沙俄的边界谈判。以平噶尔丹有功，官至太子太傅，领侍卫内大臣。⑤习射：练习射箭。⑥耆（qí）旧：德高望重的老人。

[译文]

训教说：过去三逆尚未叛乱之前，我与议政王大臣议论迁藩的事，其中有说应迁的，有说不可迁的。可是当时的形势是迁也叛，不迁也叛，于是确定迁藩的决议。三逆发动叛乱之后，大学士索额图上奏：“此前主张三藩应迁的都应惩处，以正国法。”我说：“不可以。廷议时，说三藩应迁的，实际是我的主张。现在事已至此，怎能归过于别人呢？”当时朝廷诸臣一听我这话，没有不感激涕零、内心感激而诚心服气的。我从来对事不肯推诿罪过给别人，况且军国大事怎能推卸过错加于大臣们呢？

训教说：你们凡居家在外，都要洁净。人平日洁净，就清气附着于身。若接近污秽，就为污浊之气所污染，而清纯之气也逐渐为之所蒙蔽了。

训教说：我幼年学习骑射，老年人教骑射的，决不以我的骑射为好。人们都称赞说好，那老年人独以为不然，所以我的射技术才能精熟。你们切不可被虚情假意的赞美话所欺骗，凡是做学问都应存此自戒之心就可以了。

七、心虚则学进，盈则学退

训曰：人多强不知以为知，乃大非善事。是故孔子云："知之为知之，不知为不知。"[①]朕自幼即如此。每见高年人，必问其已往经历之事而切记于心，决不自以为知而不访于人。

训曰：人心虚则所学进，盈则所学退。朕生性好问。虽极粗鄙之夫，彼亦有中理之言[②]。朕于此等决不遗弃，必搜其源而切记之。并不以为自知自能而弃人之善也。

训曰：朕自幼读书，间有一字未明[③]，必加寻绎[④]，务至明惬于心而后已[⑤]。不特读书为然，治天下国家亦不外是也。

训曰：读古人书，当审其大义之所在，所谓一以贯之也。若其字句之间，即古人亦互有异同，不必指摘辩驳，以自申一偏之说。

训曰：读书以明理为要。理既明则中心有主，而是非邪正自判矣。遇有疑难事，但据理直行，得失俱无可愧。《书》云："学于古训乃有获。"[⑥]凡圣贤经书，一言一事俱有至理，读书时便宜留心体会，此可以为我法[⑦]，此可以为我戒。久久贯通，则事至物来[⑧]，随感即应，而不待思索矣。

［注释］

①"知之为知之"二句：出自《论语·为政》。意谓：知道就是知道，不知道就是不知道，这说明你承认什么是你不知道的。②中（zhòng）理：切中情理。③间（jiàn）：偶尔。④寻绎：求索。⑤明惬：明白。⑥学于古训乃有获：出自《尚书·商书·说命下》。古训，指先圣王之训，讲修身治天下之道，二典三谟之类。意为要学于古训，才是真正的收获。⑦法：效法。⑧事至物来：事情来到眼前。

［译文］

训教说：人们大多强不知以为知，那可不是好事。所以孔子说："知道就是知道，不知道就是不知道。"我从幼年就是这样。往往看见年长的人，必定请教他过去经历过的事而深切记在心里，绝不自以为知道而不请教别人。

训教说：人心虚怀若谷就可以学有长进，满足了就会退步。我生性爱问人。虽是极其粗野的人，他也有切中真理的话。我对这类话绝不丢弃，必定搜寻根源而切实记住它。并不以为自己懂得多、自己聪明而不学别人的长处。

训教说：我从幼年读书，偶然遇到一个字没明了，必定要求索，务必到明了于心才罢休。不仅读书是这样，治理天下国家大事也不过是这样。

训教说：读古人的书，应当审查它的大义所在，即所谓一以贯之的主旨。至于书中字句之间，就是古人也是各有不同，不必指摘辩驳，来为自己伸张一偏之见。

训教说：读书主要是为明理。道理既然明了就内心有了主见，那是非邪正自然就明白判别了。遇到疑难的事，只据理直接去做，其得失就可以无所愧疚。《尚书》说："学识来源于古训就有所收获。"凡圣贤所作经典，一句话一件事都有最根本的道理，读书时就应该留心体会，这可以作为我们所效法的，这可以作为我们的警戒。长久贯通下去，到事情出现，事物来到面前，随感即能应付，就不需要思索了。

八、学贵有决定不移之志、勇猛精进之心

训曰：《易》云："日新之谓盛德。"[①]学者一日必进一步，

方不虚度时日。大凡世间一技一艺，其始学也，不胜其难，似万不可成者。因置而不学，则终无成矣。所以，初学贵有决定不移之志，又贵有勇猛精进之心，尤贵有贞常永固、不退转之念[②]。人苟能有决定不移之志，勇猛精进而又贞常永固、毫不退转，则凡技艺焉有不成者哉。

训曰：子曰："吾十有五而志于学。"[③]圣人一生只在志学一言。又，实能学而不厌，此圣人之所以为圣也。千古圣贤与我同类人，何为甘于自弃而不学？苟志于学，希贤希圣，孰能御之[④]？是故志学乃作圣之第一义也。

训曰：子曰："志于道。"[⑤]夫志者，心之用也。性无不善，故心无不正。而其用则有正不正之分，此不可不察也。夫子以天纵之圣[⑥]，犹必十五而志于学。盖志为进德之基，昔圣昔贤，莫不发轫乎此[⑦]。志之所趋，无远弗届[⑧]；志之所向，无坚不入。志于道，则义理为之主，而物欲不能移，由是而据于德，而依于仁，而游于艺[⑨]，自不失其先后之序、轻重之伦，本末兼该[⑩]，内外交养[⑪]，涵泳从容[⑫]，不自知其入于圣贤之域矣。

［注释］

①《易》：即《易经》，儒家尊崇的经典之一。相传为伏羲氏所创，或谓周文王所作。孔子作《易传》，对《易经》进行解释。《易经》实非一时一人所作。易，变易也，随时变易以从道。日新之谓盛德：语出《易传·系辞上》。天天有新的变化叫崇高的德行。②贞常永固：忠贞不贰，久久坚定。③吾十有（yòu）五而志于学：语出《论语·为政》。我十五岁开始立志学习。④御：控制，阻挡。⑤志于道：语出《论语·述而》。立志于道。⑥天纵：上天赋予。⑦发轫：（事物）开端。⑧弗届：不到。⑨"由是而据于德，依于仁，游于艺"：语出《论语·述而》。根据在德，依靠在仁，涉猎于礼、乐、射、御、书、数之中。⑩本末兼该：始末全部具备。⑪交养：相互涵养。⑫涵泳：深刻领悟。

[译文]

训教说:《易经》说:“每天都有所变化叫作盛德。”作为学者每一天都要前进一步,方才算是没有虚度时光。大概人世间一项技巧、一种艺术,在学习的开端,不能胜任它的繁难,好像万不可学成的,故此就搁置起来而不肯学了,那最终也就学不成了。所以初始学习,可贵的是有坚定不移的意志,又有勇猛精进的决心,尤其要有忠贞不贰、永不退却的信念。如果有坚定不移的意志,勇猛精进而又永远坚持、毫不后退,那么任何技艺哪有学不成的呢?

训教说:孔子说:“我十五岁立志于学习。”圣人一生只有“立志学习”一句话,又在实际上真能做到学而不厌,这是圣人之所以为圣人的原因了。千古圣贤与我们都同是人类,为什么甘心于自己放弃而不坚持学习呢?倘若有志于学习,希望成贤成圣,谁能阻挡呢?所以立志于学就是做圣人的关键所在。

训教说:孔子说:“立志于道。”所谓立志就是心思的使用。人性没有不善的,所以人心原无不正。可是运用就有正与不正的分别,这是不可不审察的。孔子是天生的禀赋使他成为圣人,可是还必须十五岁立志于学。大概立志为进德的基础,过去的圣人、贤人没有不是起端于这里的。立志要去哪里,无论多远没有达不到的;立志要去的方向,没有不可克服的障碍。立志于道,那么就要以义理为主,不能为物欲所动摇,由此而以德为根据,依赖于仁,而涉猎于技艺,自不可失掉它先后的次序、孰轻孰重的排列,始末都包括,从里到外交相培植,深刻领悟,不知不觉就已进入圣贤的领域了。

九、孝道不在衣食之奉养,在得父母之欢心为真孝

训曰:凡人尽孝道欲得父母之欢心者,不在衣食之奉养也。

惟持善心、行合道理以慰父母，而得其欢心，斯可谓真孝者矣。

训曰：《孝经》一书[①]，曲尽人子事亲之道[②]，为万世人伦之极，诚所谓天之经、地之义、民之行也。推原孔子所以作经之意[③]，盖深望夫后之儒者身体力行，以助宣教化而敦厚风俗[④]。其旨甚远，其功甚宏，学者自当留心诵习，服膺弗失可也[⑤]。

训曰：为臣子者，果能尽心体贴君亲之意，凡事一出于至诚，未有不得君亲之欢心者。昔日太皇太后驾诣五台[⑥]，因山路难行，乘车不稳，朕命备八人暖轿。太皇太后天性仁慈，念及校尉请轿步履惟艰[⑦]，因欲易车。朕劝请再三，圣意不允，朕不得已，命轿近随车行。行不数里，朕见圣躬乘车不甚安稳，因请乘轿，圣祖母云："予已易车矣，未知轿在何处，焉得即至？"朕奏曰："轿即在后。"随令进前。圣祖母喜极，拊朕之背称赞不已，曰："车轿细事，且道途之间，汝诚意无不恳到[⑧]，实为大孝。"盖深惬圣怀而降是欢爱之旨也。可见，凡为臣子者，诚敬存心，实心体贴，未有不得君亲之欢心者也。

[注释]

①《孝经》：儒家经典，孔子后学所作，宣扬宗法思想，汉代七经之一。②曲尽：深刻而详尽。③推原：推究其本意。④助宣教化：协助宣扬政教风化。⑤服膺（yīng）：由衷折服。⑥太皇太后：指康熙帝的祖母孝庄文皇后，蒙古科尔沁人，博尔济吉特氏。皇太极永福宫庄妃。⑦校尉：泛指卫士。请轿：请太皇太后乘轿。⑧恳到：恳切周到。

[译文]

训教说：凡人尽孝道想得到父母的欢心，不只在衣食的奉养，只有持着善心，所作所为合乎道理来慰藉父母，而得到他们的欢心，那才可说是真孝了。

训教说：《孝经》这部书详细深入说了为人之子侍奉父母的道理，为万代人伦的准则，实在是天之大经、地之大义、民之行为规范。追究孔子所以作经的本意，实在是深切期望后代儒生亲身体会竭力奉行，用以协助宣扬教化使风俗纯厚。它的意图深远，它的作用广阔博大，学者自己应当用心诵读实行，由衷信服而不可丧失就是了。

训教说：作为臣子果然能尽心体谅君亲的意图，种种事情都出于最诚挚的内心，没有不得君亲欢心的。过去太皇太后亲临五台山，因山路难走，乘车不稳，我命令准备八人暖轿。太皇太后天性仁义慈爱，顾念到校尉步履艰难，因此想换车。我劝请再三，太皇太后竟不答应，我不得已，令轿紧随车走。走不到几里路，我见太皇太后乘车不太安稳，因而再请乘轿，圣祖母说："我已换车了，不知轿在何处，哪能马上就到？"我上奏说："轿就在车后。"随即令其进到面前，圣祖母高兴极了，抚摸着我的后背称赞不已，说："车轿小事，而且是在行路中间，你的诚意没有不恳切周到的，实在是大孝。"大概极符合圣祖母的心意，而下达如此欢爱的懿旨。可见，凡是身为臣子的，内心真诚，实心体贴，没有不得君上、双亲的欢心的。

十、知足者富，知足不辱，可以长久

训曰：朕为天下君，何求而不得？现今朕之衣服有多年者，并无纤毫之玷[①]，里衣亦不至少污，虽经月服之，亦无汗迹，此朕天秉之洁净也[②]。若在下之人能如此，则凡衣服不可以长久服之乎？

训曰：老子曰："知足者富。"[③]又曰："知足不辱，知止不殆，可以长久。"[④]奈何世人衣不过被体，而衣千金之裘[⑤]，犹以为不足，不知鹑衣缊袍者[⑥]，固自若也；食不过充肠，罗万钱之食，犹以为不足，不知箪食瓢饮者[7]，固自乐也。朕念及于此，恒自知足。虽贵为天子，而衣服不过适体；富有四海，而每日常膳除赏赐外，所用肴馔，从不兼味[8]。此非朕勉强为之，实由天性自然。汝等见朕如此俭德，其共勉之。

训曰：尝闻明代宫闱之中，食御浩繁[9]。掖庭宫人[10]，几至数千。小有营建，动费巨万。今以我朝各宫计之，尚不及当日妃嫔一宫之数。我朝外廷军国之需与明代略相仿佛[11]。至于宫闱中服用，则一年之用尚不及当日一月之多。盖深念民力维艰，国储至重[12]，祖宗相传家法，勤俭敦朴为风。古人有言："以一人治天下，不以天下奉一人。"以此为训，不敢过也。

训曰：冠帽乃元服[13]，最尊。今或有下贱无知之人，将冠帽置之靴袜一处，最不合礼。满洲从来旧规亦最忌此。

［注释］

①玷：污点。②天秉：天性。③老子：春秋时代思想家，道家学派创始人。老子即老聃，李耳，字伯阳。楚国苦县（今河南鹿邑东）人。曾任周朝管理藏书的史官，著有《道德经》。知足者富：出自《老子》第三十三章。谓知道满足就是富有。④"知足不辱"三句：出自《老子》第四十四章。知道满足不会遭到侮辱，知道适可而止就不会遇到危险，这样才能保持长久。⑤千金之裘：价值千金的皮毛衣服。⑥鹑（chún）衣：衣服破旧褴褛。缊（yùn）袍：用乱麻衬在其中的袍子。⑦箪（dān）食瓢饮：出自《论语·雍也》。用箪（竹器）吃饭，用瓢饮水。比喻饮食贫苦。⑧兼味：两种以上菜肴。⑨食御：吃用之费。⑩掖庭：宫中旁舍，妃嫔住所。⑪外廷：指宫外的朝廷。⑫国储：国家储备。⑬元服：指帽子。元者，首也，冠者首之所著，故曰元服。

［译文］

训教说：我作为天下的君主，要什么不能得到呢？现在我的衣服有的已是多年的，并没有丝毫的污点，内衣也不会有一点玷污，虽然整月穿它，也没有汗渍，这是我天生的洁净啊！倘若在下的人能这样，那诸多衣服不就可以长久穿着吗？

训教说：老子说："知道满足就是富有。"又说："知道满足不会受侮辱，知道适可而止就不会遇到危险，就可以长久。"无奈穿衣本不过为遮盖身体，而世人却身穿价值千金的毛皮还嫌不够，不知穿破旧褴褛、乱麻衬起袍子的人，仍然自如；饭食不过充肠，置办万金的食物还以为不足，且不知一箪食、一瓢饮者，仍然自乐。我想到这里，常自以为心满意足。虽然尊贵为国君，衣服也不过适合身体；富有天下四海，每日膳食除去赏赐，所吃菜肴从不在两种以上。这并不是我勉强做的，确实天性自然而然。你们看到我这样的节俭品德应该共同勉励。

训教说：曾听说明代宫廷之中吃用浩繁。后宫宫女几乎达到几千。稍有营建就动用经费巨万。现在我们朝廷各宫统计，还不及当时妃嫔一宫的人数。我们外廷军国之需和明代大概相仿。至于后宫的穿着，一年之用还不到当时一月那么多。就是深切顾念民力艰难，国家储备至关重要，先代祖宗相传家法，以勤俭质朴为风。古人曾说："用一人治天下，不是用天下奉养一人。"以这句话为教训，不敢超过呀。

训教说：顶冠的帽子，那是首元服饰，是最具尊严的。现在有下贱无知的人，把顶冠和靴袜放在一起，这是最不合乎礼法的，满洲族人以前的旧规矩也最忌讳这个。

十一、为人上者欲法令之行，惟身先之

训曰：如朕为人上者，欲法令之行[①]，惟身先之，而人自从。即如吃烟一节[②]，虽不甚关系，然火烛之起多由于此，故朕时时禁止。然朕非不会吃烟，幼时在养母家颇善于吃烟。今禁人而己用之，将何以服人？因而永不用也。

训曰：有子曰[③]：“礼之用，和为贵。先王之道斯为美，小大由之。有所不行，知和而和，不以礼节之，亦不可行也。”[④]盖礼以严分，而和以通情分。[⑤]严则尊卑贵贱不逾，情通则是非利害易达。齐家治国平天下，何一不由于斯？

训曰：学问无他，惟在存天理、去人欲而已[⑥]。天理乃本然之善，有生之初，天之所赋畀也[⑦]。人欲是有生之后，因气禀之[⑧]，偏动于物、纵于情，乃人之所为，非人之固有也[⑨]。是故，闲邪存诚所以持养天理[⑩]，提防人欲。省察克治[⑪]，所以辨明天理，决去人欲。若能操存涵养[⑫]，愈精愈密，则天理长存，而物欲尽去矣！

［注释］

①法令之行：法律、命令的推行。②吃烟：吸烟，指满洲人吸旱烟。③有子：有若，字子有。孔子弟子，其人强识好古，明习礼乐。④“礼之用”八句：出自《论语·学而》。意为：礼的功用以遇事做到和谐为可贵。古代英明君主治国方法中这一点最好，不论大事小事都遵循此道。遇到行不通的，由于知道和谐而一味追求和谐，却不用礼加以节制，那样也是不可行的。⑤“盖礼以严分”二句：礼节按尊贵程度有严格的区别，而和谐是用来沟通感情的。⑥存天理、去人欲：保存人的天性，去掉人的私欲。⑦赋：交给。畀(bì)：给予。⑧气禀：气质所产生。⑨“偏动于物”三句：由于气禀之偏因物而动心，因情而纵欲，这都是人后天产生的，不是先天的。⑩闲邪存诚：隔绝邪恶，保存真诚。⑪省察克治：反省抑制。⑫操存：坚持就能保存。

［译文］

训教说：如我作为众人之上的人，想推行法令，只有我自身先做出表率，别人自然就服从。就如吸烟这件事，虽然关系不大，可是火灾的发生往往由于这个，所以我时时禁止。可是我并不是不会吸烟，幼年时在养母家里很善于吸烟。现在禁止别人，可是自己用它，那拿什么服人？因此我就永远不吸了。

训教说：有子说：“礼的应用，以和谐为贵。古代先王之道中的这一点很好，不论大事小事都遵循这一道理。但是遇到行不通的地方，便为了和谐而求和谐，不用礼加以节制，也是不可行的。”礼节是严格按尊卑程度区分，和谐是用以沟通感情的。严格了则尊卑贵贱不会逾越，感情沟通了则是非利害容易通达。治家处理国事天下事，哪个不是根据这个道理？

训教说：学问没有别的，只是存天理、去人欲而已。天理就是人本来的善性，在出生之始上天赋予的。人欲之私是后天受到外界影响形成的，由于气禀之偏因物而动心，因情而纵私欲，乃人后天之所为，不是人天生就具有的。因此要阻绝邪恶，保存诚心，从而涵养天理，提防私欲，反省遏制，从而辨明天理，决心去掉私欲。倘若坚持就能涵养愈精愈密，那么天理就得以长存，而物欲去除净尽了！

十二、三藩之乱时持心坚定，外示以暇豫

训曰：曩者三孽作乱[①]，朕料理军务，日昃不遑[②]，持心坚定，而外则示以暇豫，每日出游景山骑射[③]。彼时，满洲兵俱已出征，余者尽系老弱。遂有不法之人投帖于景山路旁[④]，云：“今三孽及察哈尔叛乱[⑤]，诸路征讨。当此危殆之时，何心每日出游景山？”如此造言生事，朕置若罔闻。不久，三孽及察哈尔俱已剿灭。当时，朕若稍有疑惧之意，则人心摇动，或致意外，未可知也。此皆上天垂佑、祖宗神明加护，令朕能坚心筹画，成此大功，国已至甚危而获复安也。自古帝王如朕自幼阅历艰难者甚少。今海内承平，回思前者，数年之间如何阅历，转觉悚然可惧矣！古人云：“居安思危。”正此之谓也。

训曰：今天下承平，朕犹时刻不倦勤修政事。前三孽作乱

时，因朕主见专诚，以致成功。惟大兵永兴被困之际[⑥]，至信息不通，朕心忧之，现于词色[⑦]。一日，议政王大臣入内议军旅事，奏毕佥出，有都统毕立克图独留[⑧]，向朕云："臣观陛下近日天颜稍有忧色。上试思之，我朝满洲兵将若五百人合队，谁能抵敌？不日永兴之师捷音必至。陛下独不观太祖、太宗乎[⑨]？为军旅之事，臣未见眉颦一次。皇上若如此，则懦怯，不及祖宗矣。何必以此为忧也？"朕甚是之。不日，永兴捷音果至。所以，朕不敢轻量人，谓其无知。凡人各有识见，常与诸大臣言，但有所知、所见，即以奏闻，言合乎理，朕即嘉纳。都统毕立克图汉仗好[⑩]，且极其诚实人也。

[注释]

①三孽：即三藩。②日昃（zè）不遑：太阳偏西也不匆促。③景山：煤山、万岁山，故宫神武门之外。④投帖：张贴匿名小字报。⑤察哈尔叛乱：康熙十二年（1673）十一月吴三桂反清，随之耿精忠、尚可喜之子尚之信响应。康熙十四年（1675）清蒙古察哈尔部首领布尔尼亦乘机叛乱，失败身亡。⑥永兴：湖南县名，康熙十三年（1674）吴三桂进军湖南，围困永兴。⑦词色：言语脸色。⑧都（dū）统：清朝八旗中每一旗的最高长官，原称固山额真。毕立克图：蒙古正蓝旗人。顺治时剿李自成于潼关。列议政大臣。康熙时平叛有功，封二等男爵。⑨太祖、太宗：指清朝的开国者努尔哈赤（1559—1626）和皇太极（1592—1643）。⑩汉仗：体貌雄伟。

[译文]

训教说：过去三藩叛乱，我处理军事，太阳偏西也不匆促，内心坚决稳定，而外表显示从容不迫，每天出去游览煤山，骑马射箭。那时满洲士兵都已出征，剩下的都是老弱。就有不法的人在煤山路边张贴小字报，说："现在三藩和察哈尔都叛乱，各地进行征讨，在这个危险时候为什么还每天出去游览煤山呢？"这样造谣滋事，我把它搁置一边不予理睬。不久，三藩和察哈尔叛乱都被剿灭讨平。那时，我要稍有疑惧之意，就会导致人心动摇，甚至出现意外也未可知。这都是上天保佑，祖先神明加以保护，使朕能坚持筹措谋划，终于成就这一大功，国家已很危急又重得恢复安宁。从古代帝王看，像我这样自幼经历艰难的很少。现在全国平安，回想以前的事，几年的时间怎么经历过来，反而觉得惊惧可怕了！古人说："平安时要想到危机。"正是这个意思。

训教说：现在天下太平，我还时时刻刻不知疲倦地勤奋于政事。前者三藩叛乱时，因我的主张坚定真诚以至于成功。只是永兴受困时以致消息不通，我的心里很忧虑，表现在言谈脸色上。有一天议政王大臣进宫议论军事，上奏完都出去了，有个都统叫毕立克图的单独留下，对我说："微臣看皇上近来脸上稍有忧虑之色，请皇上想，我朝满洲族兵将若五百人联合成大队，有谁能抵挡？不几天永兴军队捷报必定就到了。皇上就没看太祖、太宗的事迹吗？为战争的事，我没见他们皱眉一次。皇上如为这样的事畏惧，就不如先辈祖宗了。为什么因这件事忧虑呀？"我很同意他的见解。没有几天，永兴的捷报果然来到。所以我从来不敢轻估别人，说人无知。每个人各有见解，我经常和各大臣讲，只要有所知、有所见就要上奏，说的合理我就嘉奖采纳。都统毕立克图相貌魁伟，而且是非常诚实的人啊！

十三、大雨雷霆之际，决毋立于大树下

训曰：大雨雷霆之际，决毋立于大树下。昔老年人时时告诫，朕亲眼常见，汝等切记。

训曰：世人皆好逸而恶劳，朕心则谓人恒劳而知逸。若安于逸则不惟不知逸，而遇劳即不能堪矣。故《易》有云："天行健，君子以自强不息。"[①] 由是观之，圣人以劳为福，以逸为

祸也。

训曰：世人秉性何等无之？有一等拗性人[②]，人以为好者，彼以为不好；人以为是者，彼反以为非。此等人似乎忠直，如或用之，必然偾事[③]。故古人云“好人之所恶，恶人之所好，是谓拂人之性，灾必逮夫身”者[④]，此等人之谓也。

训曰：古人有言：“反经合理谓之权。”[⑤]先儒亦有论其非者。盖天下止有一经常不易之理，时有推迁[⑥]，世有变易，随时斟酌、权衡轻重而不失其经，此即所谓权也。岂有反经而谓之行权者乎？

［注释］

①“天行健”二句：语出《易·乾》。天道强健而运行不已，德才兼备的人以天为法，自强不息。②拗性：性格固执。③偾（fèn）事：败事。④“好人之所恶”四句：语出《大学》。拂人之性，违反人的本性。⑤反经合理谓之权：古称道之至道不变者谓之经。违反道，仍合于理犹称权。即衡量是非轻重，因事制宜。权，变通，权变。⑥推迁：变迁。

［译文］

训教说：大雨打雷的时候，绝不能站在大树底下。过去老年人时时告诫，我亲眼见过，你们记住。

训教说：世上人都喜欢安逸而厌恶劳动，我心里则以为人常常坚持劳动就知道安逸。倘若安于逸乐就不仅不知道逸乐，而遇到劳动就不能承受了。所以《易经》上说“天道刚健，君子以天为法，所以自强不息”。由此看来，圣人以劳动为幸福、以安逸为祸。

训教说：世上的人什么秉性的没有？有一类性格执拗的人，别人以为好的，他偏以为不好；别人以为对的，他偏以为错。这种人好像忠实直率，如果任用他，必定要败事。所以古人说“爱好别人所厌恶的，厌恶别人所爱好的，这是悖逆人的常性，灾祸必定降临他的身上”，就是说的这种人。

训教说：古人曾说过："违反不变的常法可又合理就叫权。"先辈儒生也有说它错的，大概天下不只有一个经常不变的道理，时间会有推移，世事总有变化，要适时审察，权宜行事，这就是所谓的权。哪有违反常理而叫行权的呢？

十四、大凡贵人皆能久坐

训曰：大凡贵人皆能久坐。朕自幼年登极以至于今日，与诸臣议论政事，或与文臣讲论书史，即与尔等家庭闲暇谈笑，率皆俨然端坐①。此乃朕躬自幼习成，素日涵养之所致。孔子云："少成若天性，习惯如自然。"②其信然乎！

训曰：出外行走，驻营之处最为紧要。若夏秋间，雨水可虑，必觅高原；凡近河湾及洼下之地，断不可住。冬春则火荒可虑，但觅草稀背风处；若不得已而遇草深之地，必于营外周围将草刈除，然后可住。再有，人先曾止宿之旧基③，不可住，或我去时立营之处，回途至此，亦不可再住。如是之类，我朝旧例，皆为大忌。

训曰：走远路之人，行数十里，马既出汗，断不可饮之水。秋季犹可，春时虽无汗，亦不可令饮，若饮之，其马必得残疾。汝等切记！

训曰：天道好生。人一心行善，则福履自至④。观我朝及古行兵之王公大臣，内中颇有建立功业而行军时曾多杀人者，其子孙必不昌盛，渐至衰败。由是观之，仁者诚为人之本与！

[注释]

①率：一般。俨然：严肃端庄的样子。②"少成若天性"二句：出自《大戴礼·保傅》。意为：小时候养成的习惯，犹如天性一样自然。③旧基：

指别人住过的地方。④福履：指福禄。

[译文]

训教说：大概贵人都能长时间坐着。我从幼年即位直到今天，与诸臣议论国事或与文臣讲论书史，就是和你们在家闲谈说笑，都要严正端坐。这是我自身从幼年形成的习惯，是平常日子涵养所达到的。孔子说："少年养成的习惯如天性，习惯如自然。"这确实是啊！

训教说：外出行动，驻营的地方最为要紧。如夏秋季节，雨水要考虑在内，必定要寻找高地；凡是河湾和地势低洼之地，绝对不能住。冬春季节则火灾值得忧虑，必定要寻草稀背风之地；倘若不得已而遇到草深的地方，必须要将营外周围的草割掉，然后才可住。还有，别人住宿过的旧地不能住，或者我们去时曾驻营的地方，返回到此，也不能再驻扎。诸如这类事情，都是我朝惯例，都是大忌讳。

训教说：走远路的人，走了几十里地，马既然已经出汗了，一定不能让它喝水。秋天还可以，春天虽然没有出汗，也不可让它喝。倘若让它喝水了，那马就一定会得残疾。你们要切实记住！

训教说：天道讲好生之德，为人一心做好事，那么福禄自会来到。试看我朝和古代带兵的王公大臣，其中很有些建功立业而在行军时曾杀人过多的，他的子孙一定不昌盛，逐渐衰败。由此可见，仁实在是做人的根本呢！

十五、一念之微为善为恶，畔然分明

训曰：凡人处世，惟当常寻欢喜。欢喜处自有一番吉祥景象。盖喜则动善念，怒则动恶念。是故古语云："人生一善念，善虽未为，而吉神已随之；人生一恶念，恶虽未为，而凶神已随之。”此诚至理也夫！

训曰：人心一念之微，不在天理，便在人欲。是故心存私便是放[①]，不必逐物驰骛然后为放也[②]。心一放便是私，不待纵情肆欲然后为私也。惟心不为耳目口鼻所役，始得泰然[③]。故孟子曰：“耳目之官不思，而蔽于物。物交物，则引之而已矣。心之官则思，思则得之，不思则不得也。此天之所以与我者。先立乎其大者，则其小者不能夺也。此为大人而已矣。”[④]

训曰：《大学》、《中庸》俱以慎独为训[⑤]，是为圣贤第一要节。后人广其说曰：“暗室不欺。”[⑥]所谓暗室，有二义焉：一在私居独处之时，一在心曲隐微之地[⑦]。夫私居独处，则人不及见；心曲隐微，则人不及知。惟君子谓此时指视必严也。战战栗栗，兢兢业业，不动而敬，不言而信，斯诚不愧于屋漏而为正人也夫[⑧]。

训曰：为人上者，教子必自幼严饬之始善[⑨]。看来，有一等王公之子，幼失父母，或人惟有一子而爱恤过甚，其家下仆人多方引诱，百计奉承。若如此娇养，长大成人，不至痴呆无知，即多任性狂恶[⑩]。此非爱之，而反害之也。汝等各宜留心！

[注释]

①放：放纵，放任。②逐物：追逐外物。驰骛（wù）：奔走。③泰然：安闲之意。④“耳目之官不思”十一句：语出《孟子·告子上》。意为：耳目这类器官不能思考，常为外物所蒙蔽。物与物互相接触，就把这种器官引入迷途了。心这器官是管思考的，能思考就会有心得，不思考就没有所得。这是上天赋予我们人类的。要先把这个大根本树立起来，那小的末节就不能把这善性夺去。这就成为大人君子了。⑤《大学》、《中庸》：均为《礼记》中的篇章，宋儒将其从《礼记》中抽出，与《论语》、《孟子》合称“四书”。慎独：指人在独处时应该谨慎自己的思想。⑥暗室不欺：不在阴暗之处做见不得人的

事。⑦心曲：内心深处。隐微：隐私。⑧不愧于屋漏：语出《诗·大雅·抑》。意指无愧于神明。古人设小帐在屋西北角落安置神主的地方。屋，指小帐。漏，指隐。⑨严饬：严格管教。⑩狂恶：狂妄凶暴。

［译文］

训教说：凡是为人处世，只应当常常找寻欢乐。欢喜的地方自然有一番吉祥景象。大概喜悦就动善的念头，怒就产生恶劣的念头。所以古话说："人产生一个善念，善事虽未做，可是吉利之神已跟随着他；人产生一个恶念，恶事还没做，可凶神已跟随着他。"实在是至理呀！

训教说：人心一转念的微小之处，不是属于天理，就是属于私欲。所以存私念便是放纵，不一定逐物奔走才算放纵。心欲一放纵就是私欲，不一定放纵任意追求私欲才算为私。只有心不为耳目所役使，才得安泰。所以孟子说："耳目器官不事思考，常被外物所蒙蔽。物与物接触，就被引诱迷惑了。心是主宰思考的，思考就会有心得，不思考就无所得。这是上天赋予我们的。先树立这个大的根本，那么小的末节就不能把这善性夺取了。这样就成为大人君子了。"

训教说：《大学》、《中庸》都讲慎独的道理，这是为圣为贤第一重要环节。后人扩展他的说法为："不在幽暗之处做见不得人的事情。"所谓暗室有两层含义：一是在私居独处的时候，一是在内心深处隐微的地方。私居独处，就是别人看不见的地方；内心深处隐微之处，就是别人所不知道的地方。只有君子在这个时候，一举一动必定很严谨！战战兢兢，小心谨慎，不动而心敬，不言说而诚信，这实在是不愧于神灵的正人君子了。

训教说：处在上位的人，教育子女必定从小严厉管教才好。看来有一些王公的后代，幼年失去父母，或是有人只有一个儿子而爱恤太甚，家里的仆人多方引诱，千方百计奉承，如此娇生惯养，长大成人之后不是痴呆无知，就是任性犯恶。这不是爱他，反是害他。你们各自应当留心！

十六、人之才行，当辨其大小

训曰：人之才行[①]，当辨其大小。在大位者，称其清廉可矣。若使役人等[②]，亦可加以清廉之名乎？朕曾于护军骁骑中问其人如何[③]，而侍卫有以端密对者[④]，军卒人等岂堪当此？端密乃居大位之美称，军卒止可言其朴实耳。

训曰：尔等平日当时常拘管下人，莫令妄干外事，留心敬慎为善。断不可听信下贱小人之语。彼小人遇便宜处，但顾利己，不恤恶名归于尔等也[⑤]。一时不谨，可乎？

训曰：凡人存善念，天必绥之福禄以善报之。今人日持念珠念佛，欲行善之故也。苟恶念不除，即持念珠，何益？

训曰：近世之人以不食肉为持斋[⑥]，岂知古人之斋必与戒并行。《易·系辞》曰："斋戒以神明其德。"[⑦]所谓斋者，齐也，齐其非心之所不齐也。所谓戒者，戒其非心妄念也。古人无一日不斋，无一日不戒。而今之人，以每月之某日某日持斋，已与古人有间[⑧]。然持斋固为善事，可以感发人之善念，第不知其戒心何如耳。

训曰：世上人心不一。有一种人，不记人之善，专记人之恶。视人有丑事恶事，转以为快乐，如自得奇物者。然此等幸灾乐祸之人，不知其心之何以生而怪异如是也！汝等当此为戒。

训曰：国初人多畏出痘[⑨]，至朕得种痘方，诸子女及尔等子女，皆以种痘得无恙。今边外四十九旗及喀而喀诸藩俱命种痘[⑩]，凡所种皆得善愈。尝记初种时，年老人尚以为怪，朕坚意为之，遂全此千万人之生者，岂偶然耶？

［注释］

①才行：才能和操行。②使役人等：侍候人的人。③护军：清代以守卫宫城的八旗兵为护军。骁骑：清代的禁卫军兵士名。④端密：正直精细。⑤恤：顾惜。⑥持斋：佛教戒律要素食。⑦斋戒以神明其德：语出《易传·系辞上》："圣人以此斋戒，以神明其德夫。"意谓圣人用它时极为虔敬，以表示它具有神妙明智的好处。⑧间（jiàn）：差距。⑨痘：天花。⑩旗：清初实行军政合一制度，称旗。旗按颜色区分，有八种，故称。后征服蒙古，蒙古各部亦按旗进行编制，按所居牧地划分，内蒙古共划分 49 旗。喀而喀：清代漠北蒙古族诸部的统称。

［译文］

训教说：人的才能操行，应当分辨它的大小。居于大位的，称他清廉就可以了。如果是侍候人的下人，也可以加上清廉的名望吗？我曾在护军骁骑当中，问某人怎么样，侍卫有的拿正直精细来回答，军队兵卒之类的人能承当这个称谓吗？正直精细是身居大位的人的美称，军队小兵可以说他朴实就是了。

训教说：你们平常要经常管辖下人，切莫让他们越轨干预外事，小心谨慎为好。一定不能听信下贱小人的话。那些小人遇到了有便宜可占的地方，便只顾利己，不惜把罪恶的名声加到你们头上。一时稍有不慎，可以吗？

训教说：世人心存好心，上天必定赐福禄予以答报。现在的人每天拿着念珠念佛，是想要做好事的缘故。倘若罪恶念头不清除，即使拿着念珠，又有什么益处呢？

训教说：近来世人以不吃肉为持了戒律，哪里知道古人持斋必须与持戒并行。《易传·系辞》说："圣人在用它时极为虔敬，以显示它具有神妙明智的好处。"所说的斋，就是齐，整顿内心杂乱的意念而归于诚敬。所说的戒，就是戒其非心妄念也。古人没有一天不斋，没有一天不戒。而现在的人，以每月的某日持斋，已与古人有差距了。然而持斋固然是善事，可以感发人的善念，但不知那戒心到底怎样。

训教说：世上的人心不一样。有一种人，不记人的善事，专记人的恶迹。看到人有丑恶的事，反而以为快乐，如同他自己得了珍奇的东西。这样幸灾乐祸的人，不知他的心怎么竟然生得这样怪异啊！你们应当以此为戒。

训教说：建国之初人们大都害怕出天花，到了我得到种痘的方法，你们和你们的孩子，都以种痘得以没病。现在边疆以外的四十九旗和蒙古的喀尔喀各藩属都令他们种痘，凡是种痘的人们都好好地痊愈了。曾记得起初种痘时，年老的人们还以为是怪事，我坚持这样做，就保全了这成千上万的生命，难道是偶然的吗？

十七、念虑之正与不正，只在顷刻之间

训曰：人惟一心，起为念虑[①]。念虑之正与不正，只在顷刻之间。若一念之不正，顷刻而知之，即从而正之，自不至离道之远。《书》曰："惟圣罔念作狂，惟狂克念作圣。"[②]一念之微，静以存之，动则察之，必使俯仰无愧，方是实在工夫。是故古人治心，防于念之初生，情之未起，所以用力甚微而收功甚巨也。

训曰：人之为圣贤者，非生而然也，盖有积累之功焉。由有恒而至于善人，由善人而至于君子，由君子而至于圣人，阶次之分[③]，视乎学力之浅深。孟子曰："夫仁，亦在乎熟之而已矣。"[④]积德累功者亦当求其熟也。是故有志为善者，始则充长之，继则保全之，终身不敢退，然后有日增月益之效。"故至诚无息，不息则久，久则征，征则悠远，悠远则博厚，博厚则高明。"[⑤]其功用岂可量哉！

［注释］

①念虑：念头。②“惟圣”两句：语出《尚书·多方》。谓圣明的人不善思考就会变得无知，无知的人勤于思考就能变得圣明。③阶次：等级顺序。④“夫仁”二句：语出《孟子·告子上》。意为：仁也在于使它成熟罢了。⑤“故至诚”六句：语出《中庸》。意为：所以追求至诚的德行，是不会停息的。追求不停息，就能坚持长久；长久坚持，就会生效验；有了效验，就能悠久无穷；悠久无穷就会广博深厚；广博深厚就会高大光明。

［译文］

训教说：人只有一心，心中产生念头。念头的正与不正，只在顷刻之间。如一念不正，顷刻之间就知道了，就立即改正它，自然就不至于离道太远。《尚书》说：那圣明的人不善于思考就会变成无知的人，无知的人能思考就会成为圣明的人。一个细微的念头，安静时保存它，思虑动时加以审察，必定要它处处正直，上下举动之间没有愧疚，才是修身的实在功夫。所以古人修养身心，预防在念头最初发生，感情尚未兴起之时，所以用力气很小，可收效甚大呀。

训教说：一个人做圣贤，并不是天生就这样，实是有个积累的过程的。由有恒心到成为善人，从善人以至成为君子，由君子以至成为圣人，是有层次之分的，要看学问功力的深浅。孟子说：“仁呢，也在于使它成熟罢了。”就是积德累功期待它成熟而已。所以对有志于学善的，开始就要培育它，接着就要保全它。终身绝不后退，此后才有日增月长的成效。“所以追求最大诚心的德行，是不会停息的。追求不停息，就能坚持长久；长久坚持，就会生效验；有了效验，就能悠久无穷；悠久无穷就会广博深厚；广博深厚就会高大光明。”其功用怎能估量呢！

十八、我自幼不喜饮酒

训曰：朕自幼不喜饮酒，然能饮而不饮，平日膳后或遇年节筵宴之日，止小杯一杯。人有点酒不闻者，是天性不能饮也。如朕之能饮而不饮，始为诚不饮者。大抵嗜酒则心志为其所乱而昏昧，或致疾病，实非有益于人之物。故夏先后以旨酒为深戒也[①]。

训曰：原夫酒之为用，所以祀神也，所以养老也，所以献宾也[②]，所以合欢也。其用固不可少，然而沉酣湎溺不时不节[③]，则不可。是故先王因为酒礼，宾主交错，揖让升降，温温其恭，威仪反反[④]，立监佐史，常以三爵为限[⑤]，况敢多饮乎？此先王之所以戒酒失也[⑥]。奈何今之人无故而饮，饮必醉而后已。富家子弟败家破产，身罹疾厄，皆由于此。而贫穷者才得几文，便沽饮尽醉，行凶遭祸，抑何比比。故《周书》以酒为诰[⑦]，而曰："我民用大乱丧德，亦罔非酒惟行。"[⑧]

训曰：礼义之心，人皆有之。未有安心为非而逆乎人道者也。若或有之，不过百中一二。然此辈亦有所由起，或有负气而纵者，或有使酒而纵者。夫负气者犹知顾忌，而使酒者竟毫无所谓。此非其人为之而酒为之也，故古之圣王远焉，贤士戒焉。世之好饮者，乐酒无厌，心恒狂乱，遂至形骸颠倒[⑨]，礼法丧失，其为败德，何可胜言。是故，朕谆谆教饬尔等断不可耽于酒者，正为伤身乱行，莫此为甚也。

[注释]

①夏先后：夏禹。相传禹时仪狄作酒，禹饮而甘之，遂疏仪狄，禁绝旨酒，说："后世必有以酒亡国者。"②献宾：招待客人。③沉酣湎溺：沉迷、醉心于饮酒。不时不节：不分时间，不加节制。④威仪反反：威仪持重得体。⑤三爵：三杯爵，酒器，一杯曰爵。⑥酒失：因醉酒而引发的过失。⑦《周书》：《尚书》的一部分。⑧"我民用"二句：我们众民犯上作乱，丧失了当守的道德。究其原因，无非是因饮酒而造成的恶行。⑨形骸颠倒：行为举止颠倒。

[译文]

训教说：我自从幼年就不喜欢饮酒，是能饮而不饮，平日饭后或遇年节宴席的日子，只小杯一杯。人有点酒不沾的，是天性不能喝呀。如同我能饮而不饮，才算当真不饮的。大概嗜酒就心志为它所乱而昏昧，或导致生病，实在不是有益于人的东西。所以夏禹以美酒为深切禁戒。

训教说：原来使用酒，是以为祭神，以为养老，以为接待客人，以为大家联欢的。它的使用固然是不可缺少的，可是沉迷酒中而不分时间不加节制，就不可以了。所以先代君王制定酒礼，客主交错，相敬以礼，恭恭敬敬，和颜悦色，设置监督辅佐执行酒令的官员，通常以三杯为限，怎敢多喝？这是先王用以告诫后人怕因酒而引起过失的。无奈现在的人无缘无故就喝酒，每次喝酒必到喝醉才肯罢休。富家子弟败家破产，身遭疾病之灾，都由于此。而贫穷的人才得了几文钱，就买酒喝醉，行凶遭遇灾祸，何以一个接着一个。所以《周书》因酒而颁布大诰说："我们众民犯上作乱，丧失应遵守的德行。究其原因，无非是因饮酒而乱行。"

训教说：礼义之心，人都有的。没有存心为非而逆反人道的。或者有的，也不过百分之一二。就是这种人也是有所以这样的缘由，或者由负气而放纵的，或者由酗酒任性而放纵的。那负气的还知道有所顾忌，而酗酒任性的就无所谓了。这不是人为，而是酒的作用，所以古圣先王远离酒，而贤良之士戒除酒。世上好喝酒的，乐于酒而不知满足，心常犯乱，以至于行为举止颠倒，礼法观念丧失，致使败坏德行，是无法说完的。由于这个缘故，我谆谆教导你们绝不可沉溺于酒，因为损伤身体、错乱行为没有比这个更厉害了。

十九、人之养身，饮食为要

训曰：人之养身，饮食为要，故所用之水最切。朕所经历多矣，每将各地之水，称其轻重，因知水最佳者，其分两甚重。若遇不得好水之处，即蒸水以取其露烹茶饮之[①]。泽布尊旦巴胡突克图多年以来所用[②]，皆系水蒸之露也。

训曰：朕避暑时，曾于乌城、热河等处捕鱼[③]，见侍卫、执事人中年纪幼小者，怜其未习于水，每怀怵惕[④]。故朕诸子自幼俱令其习水，即习之未精者，较之若辈亦大不同。所以行船、涉水，总不为汝等牵挂也。可见，为人凡学一艺，必于自身有益。我朝先辈尝言："一粒之艺[⑤]，于身有益。"诚谓是与。

[注释]

①蒸水：加温使水产生水蒸气。露：蒸馏水。②泽布尊旦巴胡突克图：今通称哲布尊丹巴呼图克图。此指喀尔喀蒙古最大的活佛封建主乍那巴乍耳。康熙三十年（1691年）由于准噶尔部进攻，喀尔喀在他坚持下归顺清朝，以后各地哲布尊丹巴成为清朝在外蒙统治的工具。哲布尊丹巴，蒙古语，至高光明之意。呼图克图，活佛转世之意。③乌城：地名，在承德避暑山庄附近。热河：清代热河道，治所在热河县，清代避暑胜地。④怵惕：惊骇，戒惧。⑤一粒之艺：一点儿很小的技艺。

[译文]

训教说：人保养身体，主要靠饮食，所以所用的水最为切要。我所经历的多了，每次把各地的水称称重量，从而知道最好的水分量很重，遇到没有好水的地方，就蒸水取它的蒸馏水来烹茶喝。泽布尊旦巴胡突克图多年以来所用的水，都是蒸馏水。

训教说：我避暑的时候，曾在乌城、热河等地捕鱼，见到侍卫、侍候人的人年纪幼小的，怜惜他们不习游泳，往往惊惧害怕。所以我的诸子从幼年都让他们习惯于游泳，即使练习不精的，也与他们那些人大不相同。所以行船、涉水，总不为你们牵挂。可见，作为人凡是学一种技艺，必定对自身有益。我朝先辈曾经说："一点儿很小的技艺，对自身也有益。"确实是这样。

二十、人不能无好恶，但能胜其私心则善

训曰：今外边之无赖小人及太监等[①]，惯詈骂人，且动辄发誓，亦如骂人之语，皆出自口。我等为人上者，断乎不可。或使令之辈有过，小则责之，大则扑之[②]，詈骂之亦奚为？污秽之言轻出自口，所损大矣。尔等切记之！

训曰：凡人不能无好恶，但能胜其私心则善。诚见善而好之，见恶而恶之，则不能牵累吾心矣。人于喜怒亦然。喜时不能不遇可怒之事，怒时不能不遇可喜之事。是故《大学》云“忿懥好乐，皆难得其正”者[③]，此之谓也。

训曰：人生于世，无论老少，虽一时一刻不可不存敬畏之心。故孔子曰：“君子畏天命，畏大人，畏圣人之言。”[④]我等平日凡事能敬畏于长上，则不得罪于朋侪[⑤]，则不召过，且于养身亦大有益。尝见高年有寿者，平日俱极敬慎，即于饮食，亦不敢过度。平日居处尚且如是，遇事可知其慎重也。

训曰：古圣人所道之言即经，所行之事即史。开卷即有益于身。尔等平日诵读及教子弟，惟以经史为要。夫吟诗作赋，虽文人之事，然熟读经史，自然次第能之。幼学断不可令看小说。小说之事，皆敷演而成[⑥]，无实在之处，令人观之，或信为真，而不肖之徒[⑦]，竟有效法行之者。彼焉知作小说者譬喻、指点之本心哉！是皆训子要道，尔等其切记之。

［注释］

①太监：宫廷宦官。②扑：打。③忿懥（zhì）好乐，皆难得其正：语出《大学》。意谓：心有所愤慨，心有所喜好，心志皆难以得其正。④“君子畏”三句：语出《论语·季氏》。意谓：君子怕天命，怕王公大人，怕圣贤的言

语。⑤朋侪（chái）：同辈。⑥敷演：叙述又加演绎。⑦不肖：不成才、品行不好的人。

［译文］

训教说：现在外边的无赖小人以及宦官们惯于讲骂人的话，而且动不动就发誓，也如骂人的话，皆出于口。我们作为在上的人，一定不能这样。或者使唤的人有错，小事就斥责他，大事就打他，骂人的话为什么要讲呢？肮脏的话轻易出口，损失就大了！你们要切实记住。

训教说：凡是人就不能没有好恶，只要能战胜私心就善。真的见到善而喜好，见到恶而厌恶，那么好恶之情就不能牵累我的心了。人对于喜怒也是这样。高兴时不能不遇到到可生气的事，愤怒时不能不遇到可喜的事。所以《大学》说“心怀愤慨和喜好，都难做到心志端正”，正是说这个。

训教说：人生在世，不论老少，虽一时一刻也不可不保持谨慎警惕的心。所以孔子说：“君子敬畏天命，敬畏大人，敬畏圣人的话。”我们平常凡事能敬畏长辈，就不会得罪平辈，就不致招来过失，而且对于保养身体也大有好处。曾看到有年纪的人平时都非常恭敬谨慎，即使饮食，也不敢过度。平常居家尚且这样，遇事可知他的慎重了。

训教说：古代圣人所说的话就是经典，所做的事就是历史。翻开书就有益于身心。你们平常读书和教育子弟，只以经史为要。至于吟诗作赋，虽是文人的事，只要熟读经史，自然也样样能掌握。年幼时学习，一定不能让他看小说。小说的事都是叙说演绎而成，没有实在的东西。让人看了它，或者信以为真，不成才之辈就有效法去做的。他哪知道小说作者譬喻、指点的存心所在呢！这都是教训子女的要道，你们要切实记住。

二十一、诗以言志，礼以立身，乃学者之所必学

训曰：《诗》之为教也，所从来远矣。昔在虞廷[①]，命夔为典乐之官[②]，以教胄子曰："诗言志。"[③]盖人性情之发，不能无所寄托，而诗则触于境而宣于言者也。自夫子删定而后[④]，三百篇之旨粲然可睹。采之里巷者为"风"，陈之朝廷者为"雅"，荐之郊庙者为"颂"。[⑤]观其美刺[⑥]，而善恶之鉴昭矣；观其正变[⑦]，而隆替之治判矣[⑧]；观其升歌下管、闲歌合乐之所咏叹[⑨]，而祖功宗德之实著矣。千载而下，因言识心。故曰：可兴，可观，可群，可怨也。[⑩]夫子雅言之教，称引诵说[⑪]，惟诗最多。如《大学》、《中庸》、《孝经》，篇末必引诗以咏叹之，亦以见古人之斯须不离乎诗也[⑫]。思夫伯鱼过庭之训"小子何莫学夫诗"之教[⑬]，则凡有志于学者，岂可不以学诗为要乎？

训曰："礼之系于人也大矣，诚为范身之具[⑭]，而兴行起化之原也[⑮]。"礼仪三百，威仪三千[⑯]，大而冠、昏、丧、祭、朝聘、射、飨之规[⑰]，小而揖让、进退、饮食、起居之节。君臣上下，赖之以序；夫妇内外，赖之以辨；父子、兄弟、婚媾、姻娅，赖之以顺而成。故曰："动容中礼而天德备矣，治定制礼而王道成矣。"[⑱]《礼记》传之者十三家[⑲]，而戴德、戴圣为尤著[⑳]，圣所传四十九篇，即今之《礼记》是也。其余四十七篇，虽杂出于汉儒之说，亦皆传述圣门格言，有切于身心之要旨。尔等所习本经既熟，正当学《礼》。孔子曰："不学礼，无以立。"[㉑]其宜勉之。

［注释］

①虞廷：虞舜宫廷。②夔（kuí）：人名，舜时乐官。典乐（yuè）：掌管音乐

的官。③胄子：古代贵族后裔。诗言志：语出《尚书·舜典》。意为：诗是表达思想意志的。④夫子：指孔子删定《诗》为三百零五篇。⑤“采之里巷”三句：指《诗经》的来源。采，采集。陈，排列。荐，节日祭祀的祭品。⑥美刺：赞美和讽刺。⑦正变：指《诗经》的正风、正雅与变风、变雅。正风指王道未衰时所采之风，如《周南》、《召南》等二十五篇。变风指王道衰时所采之风，如《邶风》以下十三国之风为变风。雅亦是如此。⑧隆替：兴衰。判：分辨。⑨下管：古代大祭堂下吹奏的管乐。闲歌：祭祀、宴会登堂演奏的乐典。⑩“可兴”四句：语出《论语·阳货》。意谓：可以联想，可以观察，可以助大家群聚，可以讥讽。⑪称引：援引。⑫斯须：片刻。⑬伯鱼过庭之训：语出《论语·阳货》。孔子问他的儿子伯鱼：“学了诗没有？”答：“没有。”孔子说：“不学诗，就不善于说话。”⑭范身：规范自身。⑮兴行起化：修养品行，影响社会风尚。⑯礼仪三百，威仪三千：语出《中庸》。礼仪，古代礼节主要规则，有三百条；威仪，古代典礼的动作规范、待人接物的礼节，有三千条。⑰冠：冠礼。古代男子成年加冠礼仪。朝聘：诸侯定期对天子的朝见。射：射礼。贵族男子重武习射，要举行射礼。飨(xiǎng)：飨礼，宴饮宾客之礼。⑱“动容中礼”二句：意谓：举动、仪容合乎礼，具备了至高美德；社会安定制定礼仪，这样才能形成以仁治天下的局面。⑲《礼记》：是解释说明礼仪的文章选集，儒家经典。传（zhuàn)：解说。⑳戴德：西汉今文礼学“大戴学”创始者。戴圣：西汉今文礼学“小戴学”开创者。《小戴礼记》，即今传之《礼记》。㉑“不学礼”二句：语出《论语·季氏》。意为：不学习礼，就不能在社会立足。

[译文]

训教说：《诗》作为教材，由来已经很悠久了。过去在虞的朝廷，令夔做主持音乐的官，用来教皇室贵族后裔，说：“诗是表达思想信念的。”由于人性情的发生，不能没有寄托的地方，而诗可以根据境遇而宣于言语。自从孔子删定以后，三百篇宗旨鲜明可见。采集从里巷而来的是“风”，展陈于朝廷的是“雅”，荐于郊庙的是“颂”。看它的赞美和讽刺，善恶就如同镜子般显明了；看它的正雅和变风，那兴衰的政治区别就可定了；看它的大祭堂演奏，堂下吹奏，笙歌合拍的咏叹，先祖功德宗法的真情就显现了。

千年以下，可以其歌诗认识心志。所以说：可以联想，可以观察，可以助大家团聚，可以用来讥刺。孔子以雅言垂教，其中援引称颂的话，只有《诗》最多。例如《大学》、《中庸》、《孝经》，篇末一定要称引诗句来咏叹它，可见，古人一刻也离不开诗啊！想想在伯鱼过庭之时，孔子对他的教训“小子为什么没去学诗”，就是说凡有志气要学习的人，哪能不以学诗为关键呢？

训教说：“礼对人的关系也太大了，实在是规范人身的工具，是培养品行、端正社会风尚的本源啊。”礼仪有三百条，威仪则三千条，大至人的加冠、成婚、丧事、祭祀、外交的朝见、射礼、飨礼的规范，小至作揖谦让、应对进退、饮食、起居的节制。君臣上下的等级关系，靠它维持秩序；夫妇内外之别，靠它加以分辨；父子、兄弟、婚媾、姻亲关系，靠它可以顺理成章。所以说：“举止容仪合乎礼的准则就具备了至上的美德，社会秩序安定而后制定礼仪，就可以形成以仁治天下的局面。”《礼记》的传承者有十三家，而戴德、戴圣最为著名。戴圣所传四十九篇，就是现在的《礼记》。其余四十七篇，虽杂出于汉代儒生，也都传述圣人格言，有关于身心修养的要义。你们所学的经书本文既然已经熟了，就应该学《礼记》。孔子说：“不学礼无从在社会立足。”应当努力。

二十二、使令小人不可过严，亦不可宽纵

训曰：为人上者使令小人[①]，固不可过于严厉，而亦不可过于宽纵。如小过误，可以宽者即宽宥之；罪之不可宽者，彼时即惩责训导之，不可记恨。若当下不惩责，时常琐屑蹂践[②]，则小人恐惧，无益事也。此亦使人之要，汝等留心记之！

训曰：孔子云：“惟女子与小人为难养也，近之则不孙，远

之则怨。”[3]此言极是！朕恒见宫院内贱辈[4]，因稍有勤劳，些须施恩，伊必狂妄放纵生一事故，将前所行是处尽弃而后已。及远置之，伊又背地含怨。古圣何以知之而为是言耶？凡使人者，皆宜深省此言也。

训曰：太监原为宫中使令，以备洒扫而已，断不可使其干预外事。朕宫中之太监，总不令在外行走。有告假者，日中出去，晚必进内。即朕御前近侍之太监等，不过左右使令，家常闲谈笑语，从不与言国家之政事也。

[注释]

①小人：指奴仆、家人。②琐屑蹂践：零碎敲打。③“惟女子”三句：语出《论语·阳货》。意谓：只有女子与小人最难相处，亲近他们他们就放肆无礼，疏远他们他们又会怨愤。④贱辈：宫中仆役。

[译文]

训教说：身为人上的人，使用下人，不可过分严厉，可也不能过分放纵。如有小过失，可宽恕就宽恕；处罚那不可宽恕的，当时就要惩罚训导，不能记仇。如当时不惩罚，经常零敲碎打，那小人就会惊惧，没有什么益处。这也是役使下人的要点，你们要留心记住它！

训教说：孔子说：“唯独女子、小人难以驯养，亲近了他们就不谦逊，疏远了他们就怨愤。”这话说得很正确。我常见宫院里的仆役稍有勤劳，稍给点好处，他就发狂放纵，惹出事端，把此前的好处完全丢掉才算完。疏远他，他又背后抱怨。古代圣人是怎么知道而发表此言的呢？凡使唤下人的都应深深反省这些话。

训教说：宦官原本就是供使唤的，用来供洒扫使用就是了，一定不能让他参与外边的事。在我宫中的太监，总不让到外边去。有请假的，正午出去，晚上一定回来。就是我御前的近侍太监，不过左右使唤，家常闲谈说笑，从来不跟他们说国家的政事。

二十三、为将之道当身先士卒，兵丁不可令习安逸

训曰：兵书云："为将之道，当身先士卒。"前者，噶尔丹以追喀尔喀为名[①]，阑入边界[②]，朕计安藩服[③]，亲统六师，由中路进兵。逐日侵晨起行[④]，日中驻营。又虑大兵远讨，粮米为要，传令诸营将士，每日一餐。朕亦每日进膳一次。未驻营时，必先令人详审水草，或有乏水处，则凿井开泉，蓄积澄流[⑤]，务使人马给足。竟有原无水处，忽尔清泉流出，导之可致数里，人马资用不竭。一近克鲁伦河[⑥]，即身率侍卫前锋直捣其巢，大兵随后依次而进。噶尔丹闻朕亲统大兵忽自天临，魂胆俱丧，即行逃窜。恰遇西师于昭木多[⑦]，一战而大破之。此皆由朕上得天心，出师有名，故尔新泉涌出，山川灵应，以致数十万士卒、车马各各安全。三月之间，振旅凯旋而成，兹大功也。

训曰：兵丁不可令习安逸，惟当教之以劳，时常训练，使步伐严明，部伍熟习，管子所谓"昼则目视而相识，夜则声相闻而不乖"也[⑧]。如是，则战胜攻取，有勇知方。故劳之适所以爱之，教之以劳真乃爱兵之道也。不但将兵如是，教民亦然。故《国语》曰："夫民劳则思，思则善心生。逸则淫，淫则忘善，忘善则恶心生。沃土之民，不材，淫也。瘠土之民，莫不向义，劳也。"[⑨]

［注释］

①噶尔丹（1644—1697）：清代蒙古准噶尔部首领，勾结沙俄，康熙二十七年（1688）进攻喀尔喀部。康熙三十五年（1696）被清军击败在昭莫多，次年自杀。②阑入：擅自进入。③安藩服：安定边疆藩部，使之顺服清朝。

④侵晨：破晓。⑤澄流：通过沉淀使水洁净。⑥克鲁伦河：源出蒙古肯特山脉，注入内蒙古呼伦湖。全长1264千米。⑦昭木多：即昭莫多，蒙古语树木之意。今蒙古乌兰巴托土拉河、克鲁伦河上游间。康熙三十五年，清军大败噶尔丹于此。⑧管子：管仲。“昼则”二句：语出《管子·小匡》。意谓：白天眼看得见，就可互相认识，晚上凭声音可以不乱。⑨《国语》：传为春秋左丘明著，二十一卷，所记以西周末，春秋时周、鲁诸国贵族言论为主，可与《左传》参证。“夫民劳则思”十一句：语出《国语·鲁语·公父文伯之母论劳逸》。

[译文]

训教说：兵书讲：“为将之道，当身先士卒。”前者噶尔丹以追喀尔喀为名，擅自闯入边界，我设计安定边疆藩部使他们驯服，亲自统率六军，由中路进兵。每天凌晨出发，中午驻扎军营。又顾虑大军远征，粮米为要，传令诸营将士，每天只吃一餐。我也每天进餐一次。尚未驻营时，先让人详细审查水草，若有缺水的地方，就凿井开泉，蓄积澄清水流，一定要使人马供给充足。竟然有原来本没有水的地方，忽然清澈泉水喷涌而出，引导它可达好几里地，人马供应不致枯竭。一靠近克鲁伦河，就亲率侍卫前锋直捣其巢穴，大军随后依次跟进。噶尔丹听说我亲自统率大军忽然从天降临，魂胆都丧，立刻逃窜。恰恰在昭莫多遇到西路大军，一战使他大败。这都是由于我上得天帝之心，师出有名，所以新的泉源涌出清水，山川神灵奇妙感应，以至于几十万士兵车马安全，三个月时间，军队凯旋，这是巨大功绩。

训教说：士兵不能让他们习惯于安逸，只有教育他们辛劳，经常训练，让他们步伐严肃整齐，同一部队的人相互熟悉，如管子所说“白天作战目光彼此相见，足以互相辨认；夜间作战声音相闻，足以不发生混乱”。这样战则胜，攻则取，士兵有勇气，知军法。所以让他们辛劳正是爱护他们，教育他们以辛劳才是真正的爱兵之道。不但统率军队是这样，教育人民也是这样。所以《国语》说：

“那百姓劳苦就会想到节俭，想到节俭就能产生善心。安乐就会放纵，放纵就会失掉善心，失掉善心就会产生恶心。居住肥沃土地的人民不会成才，这是因为安乐的缘故。居住贫瘠土地的人民，没有不向往道义的，这是勤劳的缘故。”

二十四、居塞外当谨慎饮水

训曰：我等时居塞外①，常饮河水。然平时不妨，但夏日山水初发，深当戒慎。此时饮之，易生疾病。必得大雨一二次后，山中诸物尽被涤荡②，然后洁清可饮。

训曰：朕每岁巡行临幸处③，居人各进本地所产菜蔬，尝喜食之。高年人饮食宜淡薄，每兼菜蔬食之，则少病，于身有益。所以农夫身体强壮，至老犹健者，皆此故也。

[注释]

①塞外：塞北。指今内蒙古、甘肃、宁夏、河北长城以北等地。②涤荡：清洗。③巡行临幸：帝王到地方巡视。

[译文]

训教说：我们那时住在长城之外，经常喝河水。平时不妨事，可是夏天山水初发，特别要警戒谨慎。这时喝它容易生病。必定得要大雨一两次以后，山上各种东西都被清洗，然后河水清洁才可饮用。

训教说：我每年巡视到一个地方，当地人各自进奉当地所生产的蔬菜，曾经喜欢吃它。老年人饮食应清淡，往往加上蔬菜吃，就少得病，对身体有好处。所以农夫身体强壮，到老还健壮，都是这个缘故。

二十五、自天子至于庶人，家庭常理出于天伦至性

训曰：尝观《宋史》，孝宗月四朝太上皇[①]，称为盛事。孝宗于宋固为敦伦之主[②]，然而上皇在御，自当乘暇问视。岂可限定朝见之期？朕事皇太后五十余年[③]，总以家庭常礼出乎天伦至性，遇有事奏启，一日二三次进见者有之，或无事即间数日者有之。至于万寿诞辰、嘉时令节[④]，朕备家宴，恭请临幸，则自晨至暮，左右奉侍，岂止月觐数次！朕巡狩江南，出猎塞北，也随本报三日一次恭请圣安外，仍使近侍太监乘传请安[⑤]，并进所获鹿、麅、雉、兔、鲜果、鲜鱼之类。凡有所得，即令驰进，从不拘定日期。且朕侍皇太后家人礼数，惟以顺适为安，自然为乐，并不以朝见日期限定礼法而称孝也。

训曰：尝阅《明宣宗实录》[⑥]，其奉事母后和敬有礼，至今览之，犹足令人感慕。朕尝思：先王以孝治天下，故夫子称至德要道，莫加于此。自唐宋以来，人君往往疏于定省[⑦]，有经年不一见者，独不思朝夕承欢？自天子以至于庶人，家庭常礼出于天伦至性，何尝以上下而有别也。

训曰：诸样可食果品，于正当成熟之时食之，气味甘美，亦且宜人。如我为大君[⑧]，下人各欲尽其微诚，故争进所得初出鲜果及菜蔬等类，朕只略尝而已，未尝食一次也，必待其成熟之时始食之。此亦养身之要也。

[注释]

①孝宗：赵昚，南宋皇帝，1162—1189年在位。宋高宗赵构嗣子，绍兴三十二年（1162），高宗传位于赵昚，自为太上皇。月四：每月初四。②敦

伦：厚重人伦。③皇太后：此指康熙帝嫡母博尔济吉特氏，原为顺治帝孝惠章皇后，科尔沁人。其生母孝康章皇后佟佳氏，康熙二年去世，年二十四。④万寿诞辰：指皇太后生日。⑤乘传：用驿递乘车传送。⑥《明宣宗实录》：明朝官修实录，记明宣宗在位时期政事。⑦定省：早晚按时向至亲长辈问安。⑧大君：天子。

［译文］

训教说：曾读《宋史》，说南宋孝宗每月初四朝见太上皇，称为荣盛的事。孝宗在宋朝确为纯厚的君主，然而太上皇在位，自然应利用空暇去问候看望。哪能限定朝见日期？我侍奉皇太后五十多年，总是用家庭常礼，出于亲爱父母的天性，遇到有事禀告，一天两三次进见的时候也是有的，或者没事就间隔几天。到了皇太后寿诞之日、良辰佳节，我准备家宴，恭请皇太后亲临驾到，那就从早到晚，侍奉左右，哪里只是一月见数次呢！我巡守江南，到塞外打猎，除随书信禀报三天一次恭请圣安之外，还要让近侍太监乘车前去请安，并进奉猎获的鹿、麅、野鸡、野兔、鲜果、鲜鱼一类的东西。凡有所得，就让赶快进奉，从来不拘泥日期。况且我侍奉皇太后以家人之礼节，只以柔顺适意为妥，自然欢畅为乐，并不以朝见日期限定礼法才算孝顺。

训教说：曾读《明宣宗实录》，他侍奉母后的和敬有礼，到现在读了它，还足以让人感动仰慕。我曾想，先辈诸帝以孝治理天下，所以夫子称之为最高尚的德行、最重要的道理，认为没有超越孝的。从唐宋以来，君主往往疏于早晚向亲属长辈问安，有时竟至整年不去进见一次的，怎么不想早晚侍奉博取父母欢心呢？从国君以至百姓，家庭的经常礼节出于天伦本性，何曾拿上下加以区别呢。

训教说：各样可吃的果品，在正当成熟的时候吃它，气味甘美，甚适于人。比如我为国君，下人各自想尽他的一份诚敬之情，所以争相进奉所得到的刚长成的鲜果和蔬菜之类。我只是稍微尝尝就罢了，未曾吃过一次，必定等到它成熟的时候才吃它。这也是保养身体的要道。

二十六、吉凶异道，吉事凶事决不相参

训曰：朕于凡事必存心分别吉凶[①]，如简用大臣、升转职官本章[②]，必置之于案，或置之于床[③]。若夫刑部人命事件暂留中细阅者[④]，必别置一处，决不与吉事相参。朕于此等处如此留心者，吉凶异道，不得相干故也。

训曰：顷因刑部汇题内有一字错误[⑤]，朕以朱笔改正发出。各部院本章，朕皆一一全览。外人谓朕未必通览，每多疏忽。故朕于一应本章，见有错字，必行改正，翻译不堪者，亦改削之。当用兵时，一日三四百本章，朕悉亲览无遗。今一日中仅四五十本而已，览之何难？一切事务，总不可稍有懈慢之心也。

训曰：世间事甚不如意者，莫过于决断秋审一事[⑥]。夫杀人之人，理应偿命。但为人君者，于杀人之事，必以哀矜之心处之。故朕每理秋审之事，无一不竭尽心力而详审之也。

[注释]

①存心：用心着意。②简用：选拔任用。升转：提升调遣。本章：官吏任用、调遣的文书。③床：安放器物的架子。④刑部：六部之一，主管法律刑罚。留中：君主把臣下送上的奏章留下不执行也不交议的一种处理方法。⑤汇题：汇集题奏。各衙向皇帝奏报的文书。⑥秋审：明清时代复审各省死刑案件的制度。经刑部会同大理寺集中审核后，在秋天奏请皇帝裁决。

[译文]

训教说：我在每件事上一定用心分别吉凶，比如选任大臣、提升转调职官的文书，一定放在书案或存放在文件架上。若是刑部关

乎人命事件暂时留中要仔细查阅的，必定另放一个地方，一定不和吉利的事互相掺杂。我在这类地方这样留神的原因，是因为吉凶不同，不让它们相互干扰的缘故。

训教说：近来因为刑部汇齐题奏内有一个字写错了，我用朱笔改正后发出。各部院送来的本章，我都一一全览。外人说我未必通览，往往多有疏忽。所以我对于一概应审的文书，发现错字，必定进行改正，翻译不好的，也要修改。在战争时，一天三四百本章奏，我都亲自看，没有遗漏。现在一天当中只四五十本罢了，看了有什么难处？一切的事情，都不可稍微有懈怠轻慢的心啊！

训教说：世上的事很不如人意的，莫过于决断秋审杀人的事。杀人的人，理当偿命，但作为国家君主，对于杀人的事，必定要以哀怜的心对待。所以我每逢处理秋审的事，没有一个不用尽心血去详细审查的。

二十七、重视新满洲[①]，以德服人

训曰：尔等见朕时常所使新满洲数百，勿易视之也。昔者太祖、太宗之时，得东省一二人[②]，即如珍宝爱惜眷养。朕自登极以来，新满洲等各带其佐领或合族来归顺者[③]。太皇太后闻之，向朕曰："此虽尔祖上所遗之福，亦由尔抚柔远人，教化普遍，方能令此辈倾心归顺也。岂可易视之?"圣祖母因喜极，降是旨也。

训曰：王师之平蜀也，大破逆贼王平藩于保宁[④]，获苗人三千，皆释而归之。及进兵滇中[⑤]，吴世璠穷蹙[⑥]，遣苗人济师以拒我[⑦]，苗不肯行，曰："天朝活我，恩德至厚，我安忍以兵刃相加遗耶?"夫苗之犷悍，不可以礼义驯束，宜若天性然者，一

且感恩怀德，不忍轻倍主上。有内地士民所未易能者，而苗顾能之，是可取也，子舆氏不云乎[8]："以力服人者，非心服也，力不赡也。以德服人者，中心悦而诚服也。"[9]宁谓苗异乎人而不可以德服也耶？

训曰：凡人于无事之时，当如有事而防范其未然，则自然事不生。若有事之时，却如无事，以定其虑，则其事亦自然消灭矣。古人云："心欲小而胆欲大。"[10]遇事当如此处之。

训曰：凡大人度量生成与小人之心志迥异。有等小人，满口恶言讲论大人，或者背面毁谤，日后必遭罪谴。朕所见最多。可见，天道虽隐，而其应实不爽也。

训曰：孟子云："存乎人者，莫良于眸子。眸子不能掩其恶。胸中正，则眸子瞭焉，胸中不正，则眸子眊焉。"[11]此诚然也。看来，人之善恶系于目者甚显，非止眸子之明暗有人焉。其视人也常有一种彷徨不定之态，则其人必不正。我朝满洲耆旧亦甚贱此等人。

[注释]

①新满洲：满语称伊彻满洲。清代对入关前所吸收的满洲族成员的称呼。"伊彻"是音译，意译是"新"，原指清太宗朝编入八旗的满洲人。康熙时还有编入的新满洲。②东省：清代指关外东北地方。③佐领：清代京师满蒙诸旗都置佐领，满语称牛录章京，汉意为管理牛录的官，汉名佐领。顺治十七年定八旗满官的汉名为佐领，正四品官。④王平藩：清史作王屏藩，是吴三桂的部将。吴三桂叛清后他由四川进窥陕甘，后败于秦州，退据保宁，城破自杀。保宁：治所在四川阆中一带。⑤滇中：云南境内。⑥吴世璠：吴三桂孙，吴三桂死后继其帝位，后兵败自杀。穷蹙（cù）：窘迫。⑦济师：扩充军队。⑧子舆：孟子名轲，字子舆。不云乎：不是说。⑨"以力服人"五句：语出《孟子·公孙丑上》。意谓：靠武力压服别人，别人不是内心归服，只是力量不足。靠道德使别人归服，别人从内心欣悦而真诚信服。⑩心欲小而胆欲大：思虑愈周密，勇气就越大。⑪"存乎人者"七句：语出《孟子·离娄上》。这段

大意谓：观察人没什么比观察眼睛更好的了。眼睛不会掩盖人的邪念。心里正，眼睛就明亮；心里不正，眼睛就昏暗。眸（móu）子，眼睛。瞭，眼睛明亮。眊（mào），眼睛不明。

［译文］

训教说：你们看到我时常所使用的新满洲几百人，不要轻视他们。过去太祖、太宗的时候，得到东省一两个人，就如同珍贵的宝贝爱惜养护。我从即位以来，新满洲们各自带着他的佐领或者全族来归顺。太皇太后听说后，对我说："这虽是你祖上所留下的福祉，也由于你安抚怀柔远人，教化普遍，才能使这些人倾心归顺的。哪能轻视他们？"圣祖母因为喜欢极了，才降下这道旨意。

训教说：王朝大军平定四川叛乱，大破叛逆贼王平藩于保宁，擒获苗族人三千，都释放回去了。到了进军云南，吴世璠困窘时，派遣苗人补充军队来抵御我师，苗人不肯参行，说："天朝放活我们，恩德极厚，我们怎么能忍心以武力相加背弃呢？"那苗人蛮横，不能以礼义驯顺约束，应是天性使他们这样，一旦感恩怀念德行，不忍心轻易背弃主上。竟有内地官民所不易做到的，而苗人反而能做到，这是他们的可取之处，孟子说："以武力压迫服人的，不是内心折服，而是实力不足。用道德服人的，是衷心欣悦而真诚折服。"难道说苗人与人不同而不能以道德悦服吗？

训教说：凡人在没事时候，应当如同有事，要防范未发生的事，那事情就自然不会发生。如有事时，却如同无事，以安定他的思虑，那这事也就自然消灭了。古人说："心越精细，胆越大。"遇事应这样对待它。

训教说：凡道德高尚的人的胸怀形成与小人的心志根本不同。有些小人满嘴恶言谈论道德高尚的人，或背后诽谤，以后一定要遭惩罚谴责。我所见到此类事最多。可见天道虽隐约不见，可报应却是没有差失的。

训教说：孟子说："观察一个人，没有比观察他的眼睛更好的了。

因为眼睛不能遮盖一个人的丑恶。胸怀正直，眼睛就明亮；心术不正，眼睛就昏暗。”这的确如此。看来，人的善恶切实系于眼睛是很明显的，不只是眼睛的明暗能表现人啊。看人常用一种彷徨不定的姿态，那他必定不正派。我们朝廷满洲老辈也很鄙视这种人。

二十八、读书时当体认世务，应事时当据书理审其事宜

训曰：凡人行住坐卧，不可回顾斜视。《论语》曰：“车中不内顾。”[①]《礼》曰：“目容端。”[②]所谓内顾，即回顾也。不端，即斜视也。此等处不但关于德容[③]，亦且有犯忌讳。我朝先辈老人，亦以行走回顾之人为大忌讳，时常言之，以为戒也。

训曰：道理之载于典籍者，一定而有限；而天下事千变万化，其端无穷。故世之苦读书者，往往遇事有执泥处；而经历事故多者，又每逐事圆融而无定见。此皆一偏之见。朕则谓：当读书时，须要体认世务；而应事时，又当据书理而审其事宜。如此，方免二者之弊。

训曰：孔子云：“先行其言，而后从之。”[④]如宋周、程、张、朱诸儒[⑤]，皆能勉行道学之实，其论皆发明先圣先贤之奥旨。又若司马光[⑥]，乃宋朝名相，观其编辑《资治通鉴》，论断古今，尽得其当，可谓言行相符，然自未尝博道学之名也。今人讲道学者，徒尚语言文学，而尤好非议人，非惟言行不符，而言之有实者，盖亦寡矣。朕不尚空言，惟务实行，尤不肯非议人。盖以人各有短长，弃其所短而取其所长，始能尽人之材。若必求全责备，稍有欠缺即行指摘，非忠恕之道也。

训曰：人生于世，最要者惟行善。圣人经书所遗如许言语，

惟欲人之善。神佛之教，亦惟以善引人。后世之学，每每各问一偏，故尔彼此如仇敌也。有自谓道学入神佛寺庙而不拜，自以为得真传正道，此皆学未至而心有偏。以正理度之，神佛者皆古之至人，我等礼之、敬之，乃理之当然也。即今天下至大，神佛寺庙不可胜数，何寺庙而无僧道？若以此辈皆为异端⑦，使尽还俗，不但一时不能，而许多人将何以聊其生耶？

［注释］

①车中不内顾：语出《论语·乡党》。意为：坐在车上不要回头看。②目容端：语出《礼记·玉藻》。意为：目光、容貌要端正。③德容：符合礼仪的仪容。④“先行其言”二句：语出《论语·为政》。意为：君子先将要说的话实行了，然后再说出来。⑤周：谓周敦颐（1017—1073），北宋理学家。因其居室名“濂溪书堂”，后人称濂溪先生。著有《太极图说》、《通书》等。程：程颐（1033—1107），洛阳人，属洛学，学者称伊川先生，北宋理学家、教育家。其兄程颢（1032—1085），世称明道先生。二人并称二程，俱为北宋理学奠基者，其学为朱熹继承发展，世称程朱学派，著有《易传》、《春秋传》等。张：张载（1020—1077），凤翔郿县横渠镇人，世称横渠先生。创关学，为理学四大派之一，著有《正蒙》、《易说》等书。朱：朱熹（1130—1200），字元晦，徽州婺源（今属江西）人，晚年徙居建阳考亭，主讲紫阳书院，因而别称考亭、紫阳，著有《四书章句集注》、《诗集传》等著作。⑥司马光（1019—1086）：字君实，陕州夏县（今属山西）人，北宋大臣，史学家。他所编《通志》被宋神宗赐名《资治通鉴》，二百九十四卷，记周威烈王二十三年至后周世宗显德六年，共一千三百六十二年历史。⑦异端：古代儒家称其他学派为异端。后泛称不合正统者为异端。

［译文］

训教说：凡人行走坐卧，不能回顾斜视。《论语》说：“车中不能回顾。”《礼记》说：“目光面容要端正。”所说的内顾，就是回顾，不端就是斜视。这种地方不仅关系道德面貌，并且也有违犯忌讳的问题。我朝先辈老人也以行走回顾为大忌讳，常常说要以此为戒。

训教说：道理记载在经典古籍中的，一定而且有限；而天下事千变万化，其头绪无穷尽。所以世上苦读书的人，往往遇事会有固执拘泥的地方；可经历事情多的人，又总是圆滑通融，而没有固定见解。这都是一种偏执的见解。我则认为：在读书的时候，需要体验认识世上实际事务；而面对事务的时候，又应当根据书上的道理而审视其具体事务是否相宜。这样才能免除二者的弊病。

训教说：孔子说："先要把事情做了，然后再说出去。"比如周敦颐、二程、张载、朱熹这些大儒都能勉力推行道学之实，他们的议论都是发挥阐释先辈大贤的深奥主旨。又如司马光是北宋名相，看他所编纂的《资治通鉴》，对古往今来史事的论定，都能恰恰当当，可以说言行相符，可是从来没有博得道学的名号。现在人讲道学的，只是崇尚文字语言，而且尤其喜好议论别人的是非，不仅言论行动不相符合，言论中真有实际内容的大概也很少了。我不崇尚空话，只致力于实际行动，尤其不肯非议别人的不是。大概一个人各有其短处长处，放弃他的短处而选取他的长处，才能尽竭别人的才能。如一定要求全责备，稍有欠缺就进行指责，就不是忠恕之道了。

训教说：人活在世上，最重要的只有行善。圣人经典之书所留下的那些言论，只是让人行善。神佛的教言，也只有用善行引导人。后世的学者，往往各自倾向一面，所以他们互相如同仇敌一样。有自称道学者入神佛寺庙而不礼拜，自以为得到了真传正道，这都是学问未到而心有偏。以正理来衡量它，神佛都是古代绝顶的人，我们对他们礼拜、尊敬，那是理所当然的。现在天下极大，神佛寺庙不可胜数，哪个寺庙没有和尚道士？如果以他们这些人都是异端邪说，让他们都还俗，不但一时不能做到，而且这许多人怎么维持他们的生路呢？

二十九、人至高年则不能耐暑

训曰：老者尝云："人至高年则不能耐暑。"朕于此言常在疑信之间。厥后，年至五旬，即不能耐暑，些须受热，则内烦闷而不能堪。细思其故，盖由人年壮血气强盛，水火平均①，所以不显。年高血气衰败，水不能胜火，故不能耐暑。尔等此时还不在意，至年渐高自觉之矣。

训曰：有人见朕之须白，言有乌须良方②。朕曰：我等自幼凡祭祀时，尝以须鬓至白、牙齿尽黄为祝③。今幸而须鬓白矣，不思福履所绥而反怨老之已至，有是理乎？

训曰：我朝先辈有言："老人牙齿脱落者，于子孙有益。"此语诚然。数年前，朕诣宁寿宫请安，皇太后向朕问治牙痛方，言牙齿动摇，其已脱落者则痛止，其未脱落者痛难忍。朕因奏曰："太后圣寿已逾七旬，孙及曾孙殆及百余，且太后之孙皆已须发将白而牙齿将落矣，何况祖母享如是之高年？我朝先辈尝言：'老人牙齿脱落，于子孙有益。'此正太后慈闱福泽绵长之嘉兆也。"皇太后闻朕之言，欢喜倍常，谓朕言极当，称赞不已。且言"皇帝此语，凡如我老媪辈④，皆当闻之而生欢喜也"。

训曰：《记》云："昏定晨省"者，言为子之所以竭尽孝心耳。人当究其本意，不可徒泥其辞⑤，必循其迹以行之，如朕子孙众多，逐日早起问安，汝子又早起问汝之安，日暮如此相继问安，不但尔等无饮食之暇，即朕亦将终日不得一饭之暇矣，决非可行之事。由此观之，凡人读书俱究其本意而得之心可也。

［注释］

①水火：阴阳五行说谓身体对立的两种因素。②乌须：使胡须变黑。

③祝：以言告神祈福。④老媪：老妇。⑤徒泥：拘泥。

［译文］

训教说：老人曾说："人到老时就不能承受酷暑。"我对此话疑信参半。其后，年纪到了五十，就不能承受酷暑，稍微受热就心里烦闷而不能忍受。细想它的缘故，大概由于人在壮年血气强盛，水火均衡，所以不显著。年纪大了血气衰败了，水不能胜火，所以不能承受酷暑。你们现在还不在意，年纪渐大自然就感觉到了。

训教说：有人看到我的胡须白了，说是有乌须良方。我说：我们幼年每逢祭祀时，曾以须鬓至白、牙齿都黄为祝愿。现在幸而须鬓白了，不想这是福禄安抚自己的结果，反而恨怨自己老了，有这个道理吗？

训教说：我朝前辈曾说："老辈人牙齿脱落，对子孙有益处。"此话确实是对的。几年前，我到宁寿宫请安，皇太后向我问治牙痛的药方，说牙齿活动了，那些已经脱落的就不疼痛了，那些没脱落的就疼痛难以忍受。我因此上奏说："太后圣寿已过七十，孙子和曾孙已达到一百多个，而且太后的孙子都已须发将白而且牙齿将脱落了，更何况祖母享有如此的高年呢？我朝前辈常说：'老辈人牙齿脱落，对子孙有益处。'这正是太后您幸福恩泽长远的好兆头啊！"皇太后听了我的话，欢喜加倍于平常，说我的话极为妥当，称赞不已，而且说"皇帝这话，凡如我老妇之辈，都应当听了而心生欢喜的"。

训教说：《礼记》说的"早晚按时请安"，是说为人子所能竭尽的孝心。人应当寻求它的本意，不能拘泥于这些词句，必须遵循其心迹以行之。如我子孙众多，每天早起问安，你的儿子又早起问你的安，黄昏又这样相继问安，不但你们没有饮食的空暇，即使我也会整天不得一饭之暇了，这是不可行的事。由此可见，凡人读书都要深究其本意而得之于心就可以了。

三十、《易经》乃四圣之书

训曰：《易》为四圣之书[①]。其立象、设卦、系辞[②]，广大悉备。言其理，则无所不该；言其用，则自昔伏羲、神农、黄帝、尧、舜王天下之道[③]，咸取诸此。然而深探作《易》之旨，大抵不外阴阳而配诸人事，则有吉凶悔吝之别[④]。运数所由盛衰[⑤]，风俗所由治乱，君子小人所由进退消长，鲜不于奇偶二画屈伸变易之间见之[⑥]。朕惟经学为治法之要，而诗书之文、礼乐之具、春秋之行事，罔不于《易》会通。故朕研求《易》理，玩索精蕴。前命儒臣参考诸儒注疏、传义，撰为《日讲易经解义》[⑦]。又命大学士李光地纂修《周易折中》[⑧]。乙夜披览[⑨]，一字一画，斟酌无忽。诚以《易》之为书，有观民设教之方，有通德类情之用[⑩]。恐惧修省以治身，思患豫防以维世，所以极天人、穷性命、开物、前民、通变、尽利者，其理莫详于《易》。故孔子尝曰："加我数年，五十以学《易》。"[⑪]盖言凡为学者不可以不学，而学又不可易视之也。

［注释］

①四圣：指传说伏羲创《易》之后又"更三圣"：伏羲画八卦，周文王推演为六十四卦并作卦辞，其子周公旦发扬扩充作爻辞，孔子又作十翼。②立象：取法万物形象。设卦：设置爻辞、卦辞。系辞：卦辞、爻辞、卦爻下附解说之辞。③伏羲：中国上古神话传说中的人类始祖。传说他创始八卦。神农：传说神农为炎帝，教民耕种，兴起农业。④悔吝：悔恨。⑤运数：命运、气数。⑥奇偶：单双数。《易·系辞下》中阳卦为奇，阴卦为偶。二画：阳卦、阴卦两种横线。⑦《日讲易经解义》：阐释《易经》的经义，康熙时儒臣牛钮、孙在丰奉敕撰，十八卷。⑧李光地（1642—1718）：安溪（今属福建）

人，康熙进士，官至文渊阁大学士，著有《周易折中》二十二卷。康熙帝对其书字句正过谬误。书中署“御纂”。⑨乙夜：二更，约晚间十点。⑩通德类情：制定共同遵守的道德规范。⑪“加我”二句：出自《论语·述而》。意为：让我多活几年，到五十岁时学习《易经》。

[译文]

训教说：《周易》这部书，传说是四位圣人所作的典籍。书中的立象、设卦和系辞，博大精深。说到书中的道理，那是无所不包；说到它的作用，过去伏羲、神农、黄帝、尧、舜治理天下的道理，都来自这部经典。然而我们深究作《周易》的宗旨，大概不外是将阴阳之说与人事相结合，于是就有了吉凶悔恨的区别。命运和气数由旺盛而衰退，社会习俗由安治到混乱，君子和小人地位的升降消长，很少不可以用阴阳奇偶二画的屈伸和变化表现出来。我只以经书为治理国家的主要方法，至于诗书的文采、礼乐的器具之用、史书的记事，都无不通过《周易》融会贯通。所以我研究《周易》的道理，体味探索其中精微深奥的内容。以前我命儒臣参考历代儒家的注疏传义，撰写了《日讲易经解义》，又命大学士李光地纂修了《周易折中》。我每天晚上以至深夜仍在翻阅，一字一画，都细心斟酌，不敢疏忽。的确因为《周易》这部书，有了解民情、施设政教的方法，有使人沟通道德和思想感情的作用。恐惧、反省以修身，考虑福患事先预防以治理天下，用来穷尽天人关系、探寻人的性命、开发物产、引导人民、通达变化、充分利用资源等，其道理，没有比《周易》阐释得更详备的了。所以孔子曾说：“让我多活几年，至五十岁去学《周易》。”这就是说，凡作为学者不可不学《周易》，既学，那就不可掉以轻心。

三十一、凡事空谈，终属无用

训曰：凡事只空谈，若不眼见，终属无用。《诗》云：“伯氏吹埙，仲氏吹篪。”① 然而实见埙篪者有几个人？一岁除日②，乾清宫正陈设乐器③，朕召南书房汉大臣、翰林等降旨云④：“尔等凡作诗赋，多以埙篪比兄弟，问尔埙篪之形如何？”皆云不知。因命内监将乐器中埙篪取与伊等观看。伊等看毕，欣然称奇，以为臣等惟于书中见之，即随口空谈，谁人实见埙篪？今日方得明白也。凡事皆如此，必亲见亲历始得确实。若闻之他人或书中偶见，即据以为言，必贻笑于有识之人矣。

训教：我朝清字⑤，各国语音俱可以叶⑥。太宗皇帝时曾借蒙古字以代清文，后来奉敕谕学士达海修饰蒙古字加以圈点而撰清文⑦。朕虑将来或有授受之讹，故特与高年人等搜辑旧语，制为《清文鉴》颁行之⑧。既有此书，则我朝清学必不至于遗漏矣。

训曰：赖祖父福荫，天下一统，国泰民安。远方外国商贾渐通，各种皮毛较之向日倍增。记朕少时，贵人所尚者惟貂，其次则狐膁天马之类⑨，至于银鼠，总未见也。驸马耿聚忠着一银鼠皮褂⑩，众皆环视，以为奇珍。而今银鼠能值几何？即此一节而论，祖父所遗之基，所积之福，岂可易视哉！

［注释］

①“伯氏吹埙（xūn）”二句：语出《诗·小雅·何人斯》，意为：兄吹乐器叫埙，弟吹乐器叫篪（chí）。②除日：即除夕。③乾清宫：清帝召见大臣的宫殿。④南书房：康熙时创立。设于内廷，翰林侍奉皇帝以备咨询。⑤清字：即满文。⑥叶：即合、和，古“协”字。⑦达海（1595—1632）：通满汉文字，对旧满文加以改革，使满文进一步完善。⑧《清文鉴》：清代官修的满文分类辞书。多次修订后成《五体清文鉴》，满、汉、蒙、藏、维吾尔文字典。⑨狐膁（qiǎn）：狐狸身上软陷处。天马：良马，借指珍贵裘皮。⑩耿聚忠：耿继茂第三子。因娶安郡王之女柔嘉公主为妻，故称驸马。

［译文］

训教说：凡事若只空谈，没有亲眼得见，终归是毫无用处。

《诗经》说："哥哥吹埙，弟弟吹篪。"然而确实见过埙、篪的又有几人？一年除夕，乾清宫正陈设乐器，我召见南书房汉人大臣、翰林们，对他们说："你们平常吟诗作赋，多以埙篪比喻兄弟，问问你们，埙篪的形体到底什么样？"都说不知道。因此我命太监把埙篪拿来给他们看，他们看过以后，欣然称奇，还说臣等只在书中见过，就随口空谈，谁确实见过埙篪？今天方得明白了。凡事都这样，必定亲眼见过、亲身经历才能保证确凿无疑。如果只是听他人说起，或书中偶见，就据以为言，就必会被有识之人取笑了。

训教说：我们大清的文字，与各国文字都可以相协韵。太宗皇帝时，曾借用蒙古文字代替清朝文字。后来，奉皇帝诏命，叫学士达海在原有蒙古文字基础上加圈加点进行修饰，从而产生了满文。我顾虑将来在传授、学习满文的过程中会产生讹误，所以特意与老年人搜集、整理满洲旧语，编纂成《清文鉴》颁布推行。现在既已有了这部书，那我们清朝的文字必定不至于遗漏了。

训教说：仰赖祖父福气的庇荫，我们大清朝天下一统，人民安居乐业。遥远的外国与我们通商的也越来越多，各种皮毛相比以前成倍增加。记得我小时候，显贵的人所崇尚的只有貂皮，其次是狐膁、天马等，至于银鼠，一直都未见过。驸马耿聚忠穿一件银鼠皮褂子，大家都围着观看，视为珍宝。现在银鼠值多少钱？就这一点来看，祖父所留下的基业，所积的福，怎么能轻视呢！

三十二、凡人饮食，当择其宜于身者

训曰：凡人饮食之类，各当择其宜于身者。所好之物，不可多食。即如父子、兄弟间，我好食之物，尔则不欲。尔不欲食之物，我强与汝以食之，岂可乎？各人所不宜之物，知之即当永戒。由是观之，人自有生以来，肠胃自各有分别处也。

训曰：人果专心于一艺一技，则心不外驰[1]，于身有益。朕所及明季人与我国之耆旧善于书法者[2]，俱寿考而身强健[3]。复有能画汉人或造器物匠役，其巧绝于人者，皆寿至七八十，身体强健，画作如常。由是观之，凡人之心志有所专，即是养身之道。

训曰：朕决不欺人。即如今凡匠役人等，各有密传技艺，决不肯告人。而朕问之，彼若开诚明奏，朕必密之，不告一人也。

训曰：凡人能量己之能与不能，然后知人之艰难。朕自幼行走固多[4]，征剿噶尔丹三次行师，虽未对敌交战，自料犹可以立在人前。但念越城勇将，则知朕断不能为。何则？朕自幼未尝登墙一次，每自高崖下视，头犹眩晕；如彼高城，何能上登？自己决不能之事，岂可易视？所以，朕每见越城勇将，必实怜之，且甚服之。

训曰：昔时，大臣久经军旅者，多以人命为轻。朕自出兵以后，每反诸己[5]：或有此心乎？思之，而益加敬谨焉。

训曰：行围打牲[6]，必用鸟枪。而鸟枪火药，最宜小心。大概一两火药可以轰动二三间房屋，如或一斤，则其力不可言矣。我知之最切，且闻之亦多，是故训尔等用鸟枪时各宜小心谨慎也。

［注释］

①心不外驰：不分心别处。②明季人：明朝末年人。③寿考：长寿。④行走：在外征战。⑤反诸己：反问自己。⑥打牲：满洲人将渔猎称为打牲。

［译文］

训教说：每个人对于饮食之类，都应当选择适合自己身体的。即使是自己喜欢的食物，也不可多吃。比如父子、兄弟之间，我喜爱的东西，你就不喜欢。你不想吃的食物，我勉强给你吃，怎么可以呢？各人所不适宜的东西，知道了就应当永远戒止。由此来看，每个人出生以后，肠胃的喜好就各不相同。

训教说：一个人如能专心于某种技艺，他的心就不会跑到别处，这对于身体大有益处。我接触过的明末遗民和我朝故老中那些擅长书法的人，都长寿而且身体健康。还有能画的汉人和制造器物的工匠，他们手艺精巧过人，都长寿到七八十岁，身体仍然强健，画画、做工和平常一样。由此看来，一个人的心志如有专一，就是养身之道。

训教说：我绝不欺骗人。正如现在那些工匠都有各自的密传绝技，决不肯告诉他人。我问他们，他若能以诚相见，坦白无私地向我奏明，我必定替他保密，不告诉任何一人。

训教说：凡人如能准确估量自己的才能，知道自己能做什么不能做什么，然后才能理解别人的困难。我自幼走过的地方很多，曾三次指挥讨伐噶尔丹的战争，我自己虽未与敌人直接交战，但是我自认还可以站立大军之前，面对敌人。但一想到那些攻城作战的将士，我就知道自己做不到。为什么呢？我自幼从未登过一次高墙，每次从高崖向下看，就会感到头晕目眩。像那样的高城，我怎么能登上呢？自己不可能做到的事，怎可把它看得那么容易呢？所以我每当看见越城作战的勇将，必很为他们担心，更佩服他们。

训教说：过去，久经战阵的大臣，大多把人命看得很轻。我自从亲自带兵出征以后，每次都要自我反省：心中是不是也有看轻人命的念头？想到这里，我内心就更加敬畏谨慎了。

训教说：行围打猎，必定用到鸟枪。可是鸟枪火药，要留意小心。大概一两火药就可以轰动两三间房屋，如果是一斤，那它的威力就更不可言说了。我了解得最为深切，而且听说的也多，因此训教你们使用鸟枪时各自要小心谨慎。

三十三、凡人持身处世[①]，当存恕存心

训曰：吾人燕居之时[②]，惟宜言古人善行、善言。朕每对尔等多教以善，尔等回家，各告尔之妻子，尔之妻子亦莫不乐于听也。事之美，岂逾此者乎！

训曰：凡人持身处世，惟当以恕存心[③]。见人有得意事，便当生欢喜心；见人有失意事，便当生怜悯心。此皆自己实受用处。若夫忌人之成，乐人之败，何与人事[④]？徒自坏心术耳。古语云："见人之得，如己之得；见人之失，如己之失。"如是存心，天必佑之。

训曰：民生本务在勤[⑤]，勤则不匮。一夫不耕，或受之饥；一妇不蚕，或受之寒。是勤可以免饥寒也。至于人生衣食财禄，皆有定数[⑥]。若俭约不贪，则可以养福，亦可以致寿。若夫为官者俭，则可以养廉[⑦]。居官、居乡只缘不俭，宅舍欲美，妻妾欲奉，仆隶欲多，交游欲广，不贪何从给之？与其寡廉，孰若寡欲。语云："俭以成廉，侈以成贪。"此乃理之必然者。

训曰：尝谓四肢之于安佚也，性也。天下宁有不好逸乐者，但逸乐过节则不可[⑧]。故君子者，勤修不敢惰，制欲不敢纵，节乐不敢极，惜福不敢侈，守分不敢僭[⑨]，是以身安而泽长也。《书》曰："君子所，其无逸。"[⑩]《诗》曰："好乐无荒，良士瞿瞿。"[⑪]至哉，斯言乎！

［注释］

①持身处世：即立身处世。②燕居：退朝而处，闲居。③恕：宽容。④何与人事：怎么能与人共事。⑤本务：本业，中国古代指农业。⑥定数：宿命论者认为人的财寿祸福皆命运所定。⑦养廉：养成廉洁的品德。⑧过节：超

越节制。⑨僭（jiàn）：越过职权行事。⑩“君子所”二句：语出《尚书·周书·无逸》。意为君子处位为政，其无自逸豫也。周公告诫成王，君子不应贪图安逸享乐。所，犹处也。⑪“好乐无荒”二句：语出《诗·唐风·蟋蟀》。意为爱好欢乐而不荒废正业，君子警惕而时时记在心。好，爱好。荒，荒废。瞿瞿，惊惧四顾的样子，有警惕之意。

[译文]

训教说：我们平常闲居的时候，只应讲古人的善行、善言。我每逢跟你们谈话大多是教你们从善，你们回家，各自告诉你们的妻子儿女，你们的妻子儿女也没有不乐意听的。事情的美好，岂有超过这个的吗！

训教说：每个人立身处世，只应当存心宽恕。看见别人有得意的事，就应当产生欢喜的心情；遇见别人有失意的事，就应当产生怜悯的心情。这都对自己确有很大好处。如只忌妒别人的成功，对别人的失败兴灾乐祸，那怎样和别人共事呢？只是自坏自己的心术罢了。古语说：“见到别人有所得，就如同自己有所得；见到别人有所失，就如同自己有所失。”有这种存心的人，老天一定会庇佑他。

训教说：老百姓的本务要以勤为本，勤劳就不会贫乏。一人不耕作，就有人要挨饿；一个妇女不养蚕，就有人会受冻。说明勤劳是可以使人免受饥寒的。至于人生一世可得的衣食财富禄位，都是有定数的。若能节俭约束而不贪心，就可以颐养福气，也可以使自己延年益寿。若是为官的节俭，就可培养廉洁的操守。不论在朝为官，还是闲居在家乡，只因不节俭，住居家宅要华美，要妻妾侍奉，仆役要多，交游想广泛，他不贪求何从供给？与其不廉，还不如寡欲。有句古语说：“俭约可使人养成廉洁作风，奢侈会使人贪婪。”这是必然的道理。

训教说：曾说四肢耽图安逸，是人的天性。天底下哪有不喜好安逸欢乐的人？但安逸过分就不可以了。所以君子勤于修身而不敢懈怠，遏制欲望而不敢放纵，节制欢娱而不敢恣意到极点，珍惜自己的福禄而不敢僭越本分，因此他才能一生平安，得享久长的福泽。《尚书》说："君子所处，没有安逸。"《诗经》说："爱好欢乐而不荒废正业，君子警惕而时时记在心。"这是至理名言哪！

三十四、赏罚乃代天宣教，非操柄者所得私

训曰：国家赏罚治理之柄，自上操之。是故转移人心，维持风化，善者知劝，恶者知惩。所以代天宣教，时亮天功也①。故爵曰："天职。"②刑曰："天罚。"③明乎赏罚之事，皆奉天而行，非操柄者所得私也。《韩非子》曰："赏有功，罚有罪，而不失其当，乃能生功止过也。"④《书》曰："天命有德，五服五章哉！天讨有罪，五刑五用哉！政事懋哉！懋哉！"⑤盖言爵赏刑罚，乃人君之政事，当公慎而不可忽者也。

训曰：舜好问而好察迩言⑥，不自用而好问，固美矣；然不可不察其是否也，故又继之以好察。孟子论用人、用刑⑦，则曰：询之左右及诸大夫及国人，可谓不自用、不偏听而谋之广矣。然终必继之以察，而实见其可否，然后信之。至若舜，又曰："官占惟先蔽志，昆命于元龟。朕志先定，询谋佥同，鬼神其依，龟筮协从。"⑧箕子亦曰："汝则有大疑，谋及乃心，谋及卿士，谋及庶人，谋及卜筮。"⑨此则又先断之以己意，然后参之于人与鬼神。可见古之圣人或先参众论，而后审之以独断，或先定己见，而后稽之于人神，其慎理不苟如此。盖众谋独断，不容偏废，但先后异用而随事因时可耳。

［注释］

①时亮天功：语出《尚书·舜典》。意为：要辅助上天成就天下的大事。

时，善。亮，辅佐，辅助。天功，天下大事。②天职：上天的职责。后来称凡人应尽的职责。③天罚：上天的惩罚。④“赏有功”四句：语出《韩非子·说疑》。⑤“天命有德”六句：语出《尚书·皋陶谟》。意为：上天为了命令有德的人各称其职，用天子、诸侯、卿、大夫、士五等服制使其各有五种文采！上天为了惩罚有罪的人，用墨、劓、剕、宫、大辟五种刑罚来惩治五种罪人！处理政事要勤勉啊！要勤勉啊！五服，指天子、诸侯、卿、大夫、士五等礼服。五章，五种文采。五刑，指墨（亦曰黥，脸上刺字）、劓（yì）（割掉鼻子）、剕（fēi）（砍断脚）、宫（割掉男性生殖器）、大辟（处死）五种刑罚。用，施行。⑥舜好问而好察迩言：语出《中庸》。迩言，浅近或左右亲近的话。⑦孟子论用人：事见《孟子·梁惠王下》。⑧“官占惟先蔽志”六句：语出《尚书·大禹谟》。意为：官卜的方法是先断定志向，然后用大龟占卜。我的意志已先决定了，征询大家的意见也都相同，鬼神依顺，龟卜占筮的结果也协同一致。官，掌占卜之官。蔽，决断。昆，后。元龟，大龟，占卜大事时用。谋，询问众人的计谋。佥，都。⑨“汝则有大疑”五句：语出《尚书·洪范》。

[译文]

训教说：国家行使赏罚乃治理国家的权柄，是由上面操控的。因此转变民心，维持社会风气，善良的人知道接受劝勉，作恶的人知道要受惩罚。这就是代替上天宣扬教化，辅助上天建立大功。所以人的爵位，是“上天赐给他的天职”；罪恶受到处罚的刑法，叫做“天刑”。明白了赏罚的事情，都是奉命上天而行，不是操控权力的人能私自为所欲为的。《韩非子》说：“奖赏有功的，惩罚有罪的，要做得不失妥当，才能使人们去建立功业而防止人们出现过错。”《尚书》说：“上天为了命令有德的人各称其职，令其服有五等服制五种文采！上天为了惩罚有罪的人，用五种刑罚来惩治五种有罪的人！处理政事要勤勉啊！要勤勉啊！”这是说奖赏刑罚，是人君的政事，应当公正谨慎不可忽视。

训教说：舜喜欢询问别人和访察身边的人说的话，不自以为是而喜欢询问别人，是很好的事；然而对别人的话不可不分辨是否正确，所以又继之以考察辨别。孟子在谈到用人、用刑时则说：向身边的人以及诸位大夫及京城里的人询问。这可以说是不自以为是、不偏听，谋划已经很广了。然而最后必继之以考察，从实际上看是否正确，然后才能相信。至于舜，又说："官卜的方法是先断定志向，然后用大龟占卜。我的意志已先决定了，征询大家的意见也都相同，鬼神依顺，龟卜占筮的结果也协同一致。"箕子也说："你若有大的疑难，先要自己考虑，再与卿士商量，与庶民商量，最后问卜占卦。"这又是先自己考虑作决断，然后再参考他人和鬼神的意见。可见古代的圣人或者是先参考众人的意见，然后加以审察做出自己的决定，或者是先审定自己的主见，然后再考核于他人和鬼神，其态度慎重一丝不苟如此。这是因为征询众人的意见和自己作决断，不允许有所偏废，只不过是谁先谁后的不同，要根据事情因时而运用就可以了。

三十五、人之识见各异，皆出平日学力所至

训曰：天下事物之来不同，而人之识见亦异。有事理当前，是非如睹，出平日学力之所至，不待拟议而后得之[①]，此素定之识也[②]；有事变倏来，一时未能骤断，必等深思而后得之，此徐出之识也；有虽深思而不能得，合众人之心思，其间必有一当者，择其是而用之，此取资之识也[③]。此三者，虽圣人亦然。故周公有继日之思，而尧舜亦曰"畴咨"、"稽众"[④]。惟能竭其心思，能取于众，所以为圣人耳。

训曰：孟子言："良知良能。"[⑤]盖举此心本然之善端，以明性之善也。又云："大人者，不失其赤子之心者也。"[⑥]非谓自孩

提以至终身，从吾心，从吾知，任吾能，自莫非天理之流行也。即如孔子“从心所欲，不逾矩”[⑦]，尚言于“志学”、“而立”、“不惑”、“知命”、“耳顺”之后[⑧]。故古人童蒙而教，八岁即入小学[⑨]，十五而入大学[⑩]，所以正其禀习之偏，防其物欲之诱，开扩其聪明，保全其忠信者，无所不至。即孔子之圣，其求道之心，乾乾不息[⑪]，有“不知老之将至”[⑫]。故凡有志于圣人之学者，其“择善”、“固执”、“克己复礼”[⑬]，循循勉勉，无有一毫忽易于其间，始能日进也。

[注释]

①拟议：事先的考虑。②素定：平素确定的。③取资：取得他人的资质。④“畴咨”、“稽众”：语出《尚书·尧典·大禹谟》。畴，谁。咨，访问。稽，考察。⑤良知良能：即善知善能。语出《孟子·尽心上》：“人之所不学而能者，其良能也。所不虑而知者，其良知也。”认为人有天赋的知善知恶的能力。良，善。⑥“大人者”二句：语出《孟子·离娄下》。意为：有德行的人，是不会失去那婴儿般纯朴之心的人。⑦“从心所欲”二句：语出《论语·为政》。意为：随心所欲而不逾越法度。⑧“志学”、“而立”、“不惑”、“知命”、“耳顺”：语出《论语·为政》。志学，指十五岁立志于学；而立，指三十岁自立；不惑，指四十岁无疑惑；知命，指五十岁知天命；耳顺，指六十岁领悟。⑨小学：周代贵族子弟入小学，学六艺和六仪之学。⑩大学：周代贵族子弟十五岁入大学，学习修齐治平之学，亦称大人之学。⑪乾乾：语出《易·乾》。自强不息之意。⑫不知老之将至：语出《论语·述而》。原文为：“发愤忘食，乐而忘忧，不知老之将至云尔。”是说孔子发愤用功忘记吃饭，高兴起来忘记忧愁，不知道老年即将到来。⑬“择善”、“固执”、“克己复礼”：“择善”、“固执”，语出《中庸》。原文为：“诚之者，择善而固执之者也。”要达到真诚，就要选择善而坚持不懈去做。“克己复礼”，语出《论语·颜渊》。意为克制自己的私欲，使言行合于礼。

[译文]

训教说：天下事物的来由不同，而人们对事物的认识和见解也有所不同。有的面对当前的事理，是与非一看就明白，这是由于平日所学的知识能力达到了，不需事先考虑就能决定，这是平素得到的见识；有的是事变突然而来，一时间不能立刻做出判断，必须等待深思熟虑而后才能做到，这是慢慢产生而来的见识；有的即使经过深思熟虑而不能决定，集合众人的想法，其中必有一妥当者，选择其正确的加以利用，这是取资于他人意见的见识。这三种谋划决断的方式，虽是圣人也是这样。所以周公曾继日思考问题，尧舜也说要访问他人，考察众人的意见。只有能够竭尽自己的心思，能博取于众人的意见，才能成为圣人。

训教说：孟子说："良知良能。"这是为了说明人心有本来的善良念头，以说明人的本性是善的。又说："德行高尚的人，是不会丢失那婴儿般的纯朴之心的人。"这不是说从婴儿直到老死，随从我的心志，放纵我的知识，行使我的智能，没有不是天理流行的。就是孔子"随心所欲而不逾越规矩"，还说到"十五志于学"、"三十而立"、"四十而不惑"、"五十而知天命"、"六十而耳顺"之后才能达到。所以古人从童幼时即开始进行教育，八岁进入小学，十五岁进入大学，端正其本性习染的偏差，防止受到物欲的诱惑，开启扩充他的聪明，保全他的忠诚信实，没有做不到的。即如孔子那样的圣人，他追求真理之心终日自强不息，有不知老年即将到来之感。所以凡是有志于圣人之学的人，能够选择善事而坚持不懈，克制自己的私欲使言行尽合于礼，循序渐进勤勉不懈，没有一丝一毫疏忽和轻视，这样才能一天天地进步。

三十六、留心典籍，编纂《康熙字典》

训曰：朕自幼留心典籍，比年以来，所编定书约有数十种，皆已次第告成。至于字学，所关尤切。《字汇》失之简略[①]，《正字通》涉于泛滥[②]。兼之各方风土不同，语音各异，司马光之《类篇》[③]，分部或有未明；沈约之“声韵”[④]，后人不无訾议；《洪武正韵》多所驳辩[⑤]，迄不能行，仍依沈韵。朕参阅诸家，究心考证，如我朝清文以及蒙古、西域、洋外诸国[⑥]，多从字母而来。音虽由地而殊，而字莫不寄于点画，两字合作一字，二韵切为一音[⑦]，因知天地之元音发于人声[⑧]，人声之形象寄于字体。故朕酌订一书，命曰《康熙字典》[⑨]，增《字汇》之阙遗，删《正字通》之繁冗，务使详略得中，归于正当，庶可垂示永久云。

训曰：朕自幼所见医书颇多，洞彻其原故，后世托古人之名而作者，必能辨也。今之医生所学既浅而专图利，立心不善，何以医人？如诸药之性，人何由知之？皆古圣人之所指示者也。是故朕凡所试之药与治人病愈之方，必晓谕广众；或各处所得之方，必告尔等共记者，惟冀有益于多人也。

训曰：药品不同，古人有用新苗者[⑩]，有用曝干者，或以手折、口咬撮合一处。如今皆用曝干者，以分量称合，此岂古制耶？如蒙古有损伤骨节者，则以青色草名“绰尔海”之根，不令人见，采取食之，甚有益。朕令人试之诚然，验之即内地之续断[⑪]。由此观之，蒙古犹有古制。药惟与病相投，则有毒之药亦能救人；若不当，即人参，人亦受害。是故，用药贵与病相宜也。

训曰：养生之道，饮食为重。设如身体微有不豫，即当节减饮食，然亦惟比寻常稍减而已。今之医生，一见人病，即令勿食，但以药物调治。若或内伤食者，禁止犹可；至于他症，自当视其病由，从容调理，量进饮食，使气血增长。苟于饮食禁之太过，惟任诸凡补药，鲜能资补气血而令之充足也。养身者宜知之。

训曰：朕从前曾往王大臣等花园游幸，观其盖造房屋，率皆效法汉人，各样曲折槅断[12]，谓之套房。彼时亦以为巧，曾于一两处效法，为之久居即不如意，厥后不为矣。尔等俱各自有花园，断不可作套房，但以宽广宏敞、居之适意为宜。

［注释］

①《字汇》：字书。明代梅膺祚撰。按楷体笔画分部。将《说文》部首简化为二百十四部，按地支分为十二集，共收三万三千一百七十九字。音释以《尔雅》、《说文》为本。②《正字通》：字书。明代张自烈撰。十二卷。因袭梅膺祚的《字汇》，对其遗漏错误有所补充和修正。③《类篇》：字书。旧题司马光撰，实为王洙、胡宿等撰，而由司马光进奏。从仁宗宝元二年至英宗治平四年（1039—1067），历时二十八年编成。全书十五卷，每卷分上、中、下，故亦称四十五卷。分五百四十四部，收五万三千一百六十五字。④声韵：即《四声韵谱》。南朝沈约（441—513）撰。主“四声八病”之说。⑤《洪武正韵》：韵书。明洪武时乐韶凤、宋濂等撰，分韵归字，平、上、去各二十二韵，入声十韵，共七十六韵，十六卷。⑥西域、洋外诸国：西域，泛指葱岭以西诸国，即今中亚、西亚各地。洋外，指海外诸国。⑦二韵切为一音：以二字之音切合而成一音，即拼音方法，唐以前称反，宋以后称切，合称反切，取上一字声母与下一字的韵母和声调，拼合成一个字的音。切，紧密、相合之意。⑧元音：今称之母音。发音时声带振动，气流在口腔中不受阻碍而发出。⑨《康熙字典》：字书，四十二卷，清张玉书等奉诏编撰，成书于康熙五十五年（1716），故名。共收字四万七千零三十五个。⑩新苗：指刚采摘未加晾晒及加工炮制的中草药。⑪续断：植物名，又名接骨草，根可入药。⑫槅（gé）：窗上用木条做成的格子。断：隔离。

［译文］

训教说：我从小就留心典籍，近年以来所编定的书籍约有数十种，都已先后完成。至于文字学，更为关注。《字汇》的缺点是过于简略，《正字通》涉及的字义过于泛滥。加上各地风土人情不同，语音差别很大，司马光的《类篇》分部也有不明确的地方；沈约的

“声韵”后人也多有非议；《洪武正韵》对沈约的学说作了很多批评，但《洪武正韵》至今不能流行，仍然依照沈约的韵谱。我参考阅读各家，深入考究，例如我朝的满文、蒙古文、西域和海外诸国文字，大多是由字母组合而来，读音虽然由于地域不同，而字没有不是寄托在点画上的，两个字可以合成一个字，两个声韵可以拼成一个音。因此知道天地间的元音是由人声发出的，人声的形象又寄托在字体上，所以我斟酌增订一部书，命名曰《康熙字典》，增加了《字汇》所缺漏的，删去了《正字通》繁杂的，务必做到详略适中，达到十分恰当的程度，希望可以留传永久了。

训教说：我自幼年所看医书很多，深刻了解其中缘由变故，凡是托名古人所作者，我必能辨别。现今的医生所学的医术很浅，而专门为了图利，存心不善，又怎么能去医人？例如各种药物的性质，人怎么能知道呢？都是古圣人所指示的啊！因此凡是我所试用的药和治人病愈的药方，一定要告诉大众。或者从别处得到的药方，必定告诉你们共同记住，只是希望对众人有益处。

训教说：药的品种不同，古人有用新采摘未加炮制的，有用晒干的，或者用手折断、用口咬碎将其撮合在一起。如今都用晒干的，按分量称好合在一起，这难道是古人的方法吗？例如蒙古有骨折损伤的人，便以青色草名叫“绰尔海”的根，不让人看见采来吃了，非常有益。我令人试用过，确实是这样，经过检验，它即内地的接骨草。由此看来，蒙古仍然存有古代制度。药只有和病相投，即使有毒的药，也能救人；若不适当，即使人参，用了也要受害。因此，用药最重要的是适合病症。

训教说：保养身体的方法，以饮食为重要。假如身体稍微有些不适，就应当节制减少饮食，然而这也只是比平常稍微减少而已。当今的医生只要一见人有病，当即命令不要吃饭，只是用药物调治。如果是因为饮食不当而有内损的，禁止吃饭还可以；至于其他病症，应当根据生病的原因，慢慢加以调治，适当进以饮食，使血气增长。如果对于饮食禁得过分，只凭各种药物，很少能补充血气，并使血气充足的。保养身体的人应当知道这些。

训教说：我从前曾前往诸王大臣的花园游玩，观看他们建造的房屋，大都仿效汉人建各式各样的曲折回廊，谓之套房。那时我也认为很精巧，曾经在一两处仿效做过，住的时间长了就觉得不如人意，以后就再不做了。你们都各自有花园，绝对不要建套房，只应以宽敞明朗、居住起来适意为主。

三十七、一言可以得人心，一言可以失人心

训曰：朕虽于谈笑小节亦必循理。先者大阿哥管养心殿营造事务时[①]，一日，同西洋人徐日昇进内[②]，与朕闲谈中间，大阿哥与徐日昇戏曰："剃汝之须可乎？"徐日昇佯佯不采云："欲剃则剃之。"彼时朕即留意，大阿哥原是悖乱之人。设曰："我奏过皇父，剃徐日昇之须。"欲剃则竟剃矣。外国之人谓朕："因戏而剃其须可乎？"其时朕亦笑曰："阿哥若欲剃，亦必启奏，而后可剃。"徐日昇一闻朕言，凄然变色，双目含泪，一言不出。既逾数日后，徐日昇独来见朕，涕泣而向朕曰："皇上何如斯之神也！为皇子者即剃我外国人之须，有何关系？皇上尚虑及未然，降此谕旨，实令臣难禁受也。"厥后，四十七年朕不豫时，徐日昇听信外边乱语，以为朕疾难愈，到养心殿大哭，自怨其无造化[③]，随回，至家身故。夫一言可以得人心，而一言亦可以失人心也。

训曰：我朝先辈老者虽未深通书史，然所行奇处极多：即如古有结绳之政[④]，我朝先辈奏事亦尝结带为记；古用木简、竹简

书字，我朝今用绿头牌木牌[5]。由此观之，凡圣人应运而兴者，所行自暗与古合，诚足异也。

训曰：春夏之时，孩童戏耍，在院中无妨，毋使坐在廊下，此老年人常言之也。

训曰：昔者喀尔喀尚未附之时[6]，惟乌朱穆秦之羊为最美[7]。厥后，七旗之喀尔喀尽行归顺，达里岗阿等处立为牧场[8]。其初贡之羊，朕不敢食，特遣典膳官虔供陵寝[9]，朕始食之。即如朕新制法蓝碗，因思先帝时未尝得用，亦特择其嘉者恭奉陵寝，以备供茶。朕之追远致敬，每事不忘，尔等识之。

[注释]

①阿哥：满语，清代称皇帝诸子为阿哥。同辈男性称年长者亦为阿哥。此处之大阿哥即为皇长子允禔。②徐日昇（1645—1708）：葡萄牙人，清初来华的耶稣会传教士。康熙十一年（1672）来中国，曾协助南怀仁修订历法。康熙二十八年（1689）以翻译身份随索额图参加《尼布楚条约》的签订。③造化：福气，运气。④结绳之政：即结绳记事。⑤绿头牌：膳牌的一种。为清代文武官员的衔名牌，木制。于御膳前呈递，故称膳牌。⑥喀尔喀：即漠北蒙古喀尔喀部，共七部，先后于康熙三十年（1691）内附于清。⑦乌朱穆秦：亦称乌珠穆沁，内蒙古部落之一。清崇德（1636—1643）间归清。⑧达里岗阿：在察哈尔阿巴哈纳尔部之北，与蒙古车臣汗部接界。康熙三十六年（1697）在此设立军用牧马地，牧场外设牧羊场，凡内廷用羊，皆取于此。今属蒙古达里甘嘎。⑨陵寝：帝王家族的陵墓寝庙。

[译文]

训教说：我即使对谈笑一类的小事情，也要遵守一定的道理。先前大阿哥管理养心殿的营造事务时，一天，同西洋人徐日昇一同进宫来。和我闲谈中间，大阿哥与徐日昇开玩笑时说："把你的胡须剃掉可以吗？"徐日昇假装不理会的样子，说："想剃就剃吧。"那时我就留心大阿哥原是一个悖逆乱来之人。假使他说："我启奏过皇父，剃徐日昇的胡须。"想剃也就剃了。外国人对我说："因为开玩笑而剃掉胡须，可以吗？”这时我也笑着说：“阿哥如果要剃，也必须启奏，然后才可以剃。”徐日昇一听我的话，凄然变色，两眼含着眼泪，一句话也不说。过了几天后，徐日昇单独来见我，流着眼泪对我说：“皇上为什么这样神明啊？作为皇子要剃我外国人的胡须，这有什么关系？皇上尚且考虑还没有发生的事，降下这道谕旨，实在令我这做臣子的难以经受得住。”后来康熙四十七年，我身体稍有不好，徐日昇听信了外面的胡言乱语，以为我的病难以治愈，来到养心殿大哭，抱怨自己没有好造化，随即回家就死了。这就是一句话可以得人心，而一句话也可以失去人心。

训教说：我朝先辈一些老人虽然不深通书史，然而他们行事奇特之处很多：就像古时有用结绳记事的行政办法，我朝先辈奏报事情也曾以结带来记忆；古时候用木简、竹简写字，我朝现在用绿头牌木牌。由此可以看出，凡是圣人应时运而兴起者，所行事情多暗暗与古人相合，这确是很奇异的。

训教说：春夏的时间，小孩玩耍，在院中还不妨事，但不要坐在走廊下，这些是老年人曾说过的。

训教说：从前喀尔喀还未归服的时候，只有乌朱穆沁的羊最为美味，后来七旗喀尔喀全部归顺了，在达里岗阿等处设立牧场。最初他们进贡的羊，我不敢吃，特别派典膳官拿去供奉陵墓寝庙，我才开始吃。即使我新制的法蓝碗，因为考虑到先帝在时没有用过，也特地选择其中最好的供奉陵墓寝庙，以备供茶之用。我追思远祖表达敬意，每一件事情都不忘记，你们要记住这些。

三十八、得五谷、菜蔬之种必种之，以观其收获

训曰：朕自幼喜观稼穑，所得各方五谷、菜蔬之种必种之，

以观其收获。诚欲广布，于民生或有裨益也。朕丰泽园所种之稻[①]，偶得一穗，较他穗先熟，因种之，遂比别稻早收。若南方和暖之地，可望一年两获。即如外国之卉、各省之花，凡所得种，种之即生，而且花开极盛。观此，则花木之各遂其性也可知矣。今塞外之野茧大似山东之山茧，朕因织物为茧绸[②]，制衣衣之。此皆农桑之要务。至于花木，皆天地生意所发，故朕心深惬焉。

训曰：古人尝言："三年耕，必有一年之积；九年耕，必有三年之积。"此先事预防之至计，所当讲求于平日者。近见小民蓄积匮乏，一遇水旱，遂致难支[③]。此皆丰稔之年，粒米狼戾[④]，不能储备之故也。国计若是，家计亦然。故凡家有田畴足以赡给者[⑤]，亦当量入为出。然后用度有准，丰俭得中，安分养福，子孙常守。

训曰：朕生性不喜价值太贵之物。出游之处所得树根或可观之石，围场所获野兽之角或爪牙[⑥]，以至木叶之类，必随其质而成一应用之器。即此观之，天下之物，虽最不值价者以作有用之器，即不可弃也。

训曰：尝见有人讲论旧瓷器皿以为古玩。然以理论，旧瓷器皿俱系昔人所用，其陈设何处俱不可知，看来未必洁净，非大贵人饮食所宜留用。不过置之案头或列之书厨，以为一时之清赏可矣。此亦富贵人家所当留心之一节，故语尔等知之。

[注释]

①丰泽园：北京中南海园林。②茧绸：用茧丝织成的平纹织物。③难支：难以支持。④狼戾：犹"狼藉"，杂乱、散乱。《孟子·滕文公上》："乐岁粒米狼戾，多取之不为虐。"⑤田畴（chóu）：已耕种的田地。⑥围场：古代围起来专供皇帝、贵族打猎的场地。清代于康熙二十年（1681）设围场于内蒙古克什克腾旗、昭乌达盟和丰宁县之间，称木兰围场。"木兰"，满语"哨鹿

围”之意。在今河北围场县。

［译文］

训教说：我从小就喜欢观看收种庄稼，所得到的各地方五谷、菜蔬的种子，必定把它种下去以看它的收获。实在是想广为散布，对老百姓的生计或许有所补益。我在丰泽园所种的稻子，偶然得到一穗，比他穗先熟，于是把它种下，就比别的稻要早收。如果南方气候暖和的地方，可望一年收两季。就是像外国、各省的花草，凡是我能得到的就种下去，种了之后它就生长，而且花开得很旺盛。看到这些，花草树木各随自己性情生长的情况也就可以知道了。如今塞外的野茧，像山东的山茧那么大，我就用它织茧绸，做成衣服来穿。这都是农桑的重要事务。至于花草树木，都是天地生长万物之意的生发，所以我的心里很喜欢。

训教说：古人曾经说：“耕种三年，必须保有一年的积蓄；耕种九年，必须保有三年的积蓄。”这是事先防备灾荒的最好计划，应当在平日讲求的。近来看见老百姓积蓄很少，一遇到水旱灾害，就导致难以支持。这都是在丰收之年浪费粮食，不进行储备的缘故。一国之计是这样，一家之计也是这样。所以凡是家有田地足以供养自家的，也应当根据收入计划支出。然后花费有准则，丰裕和节俭很得当，安分守己保养福分，子孙就能常守。

训教说：我生性不喜欢价值太贵的东西。在出游的地方，所得到的树根或者可以观赏的石头，从打猎的围场所得到的野兽的角或爪牙，以及木头树叶之类，一定根据它的性质做成一个可以使用的器具。由此看来，天下的物品虽是最不值钱的，把它做成有用的器具，就是不可抛弃的了。

训教说：我曾见有人论争旧瓷器皿，认为是古玩。然而按常理说，旧瓷器皿都是过去人所用过的，它陈设在什么地方，都不知道，可知未必很干净，不是大贵人饮食所应当使用的。不过把它放在案头，或摆在书橱中，作为一时的欣赏就可以了。这也是富贵人家所应当留心的一件事，所以告诉你们知道。

三十九、诸国必有一所敬之神，人各有一惧怕之物

训曰：诸国必有一所敬之神，即如我朝之敬祀祖神者[①]，如蒙古、回子、番苗、猓猓以及各国之人皆自有一所敬之神[②]。由此观之，天之生斯人也，“敬”之一字，凡事不可须臾离也。

训曰：凡人各有一惧怕之物，有怕蛇而不怕虾蟆者，亦有怕虾蟆而不怕蛇者。朕虽不怕诸样之物，然从来不以戏人。在怕虫之人见其所怕之虫，不顾身命，往往竟有拔刀者。如在大君之前，倘出锋刃，俱系重罪。明知此故，而因一戏以入人罪，亦复何味？尔等留心切记可也。

训曰：敬重神佛，惟在我心而已。自唐宋以来，相传遇神佛祭日，特造神佛纸像供之，祭毕复焚。此虽无关乎大礼，然于道理甚不合。外边小人随其俗尚可已，我等为人上者，知此当各戒之。

训曰：朕南巡数次，看来大江以南，水土甚软，人亦单薄。诸凡饮食，视之鲜明奇异，然于人则无补益处；大江以北，水土即好，人亦强壮，诸凡饮食，亦皆于人有益。此天地间水土一定之理。今或有北方人饮食执意效南方，此断不可也。不惟各处水土不同，而人之肠胃亦异，勉强效之，渐至于软弱，于身有何益哉？

训曰：漆器之中，洋漆最佳。故人皆以洋人为巧，所作为佳。却不知漆之为物，宜潮湿而不宜干燥。中国地燥尘多，所以

漆器之色最暗，观之似粗鄙。洋地在海中，潮湿无尘，所以漆器之色极其华美。此皆各处水土使然，并非洋人所作之佳，中国人所作之不及也。

训曰：外边水土肥美，本处人惟种糜、黍、稗、稷等类，总不知种别样之谷。因朕驻跸边外[③]，备知土脉情形，教本处人树艺各种之谷。历年以来，各种之谷皆获丰收，垦田亦多，各方聚集之人甚众，即各山壑中皆成大村落矣。上天爱人，凡水陆之地，无一处不可以养人，惟患人之不勤、不勉尔。诚能勤勉，到处皆耕凿，以给妻子也。

训曰：我朝满洲旧风，凡饮食必甚均平，不拘多寡，必人人遍及，使尝其味。朕用膳时使人有所往，必留以待其回而与之食。青海台吉来时[④]，朕闲话中间问伊等旧风，亦云如是。由是观之，古昔所行之典礼，其规模皆一，殆无内外远近之分也。

[注释]

①祖神：我国唐宋时视为路神。旧时送行时祭之，不知满洲所谓的祖神何所指。②蒙古、回子、番苗、猓（guǒ）猓：分别为旧时对蒙古族、回族、苗族、彝族的蔑称。③驻跸（bì）：古代帝王出行途中停留或暂住称驻跸。④青海台吉：青海的蒙古贵族首领。台吉，清代蒙古贵族的爵位。

[译文]

训教说：各国必各有一个敬畏的神，就像我朝所敬畏祭祀的祖神一样，其他像蒙古、回族、苗族、彝族以及各国的人，都各有一个所敬畏的神。由此看来，上天生我们这些人，“敬”这个字，凡事都不可片刻离开的。

训教说：凡是人都各有一个害怕的东西，有害怕蛇而不害怕蛤蟆的，也有害怕蛤蟆而不害怕蛇的。我虽然不害怕各种东西，但是从来不用这个来戏弄人。害怕虫的人看见他所怕的虫，不顾身体性命，往往竟有拔出刀子来的。如果在君主面前，倘若拔出刀子，就是重罪。明明知道这个原因，而因一次戏弄使人犯罪，这有什么意味？你们要留心牢牢记住。

训教说：敬重神灵和佛，只有在我心里即可。自从唐宋以来，相传遇神佛祭祀的日子，特地造神佛像进行供奉，祭祀完毕再把它们烧掉。这虽然与大礼节没有多大关系，但是于道理甚不相合。外边地位卑微的小人跟随这种风俗做还可以，我们这些为人上的人，知道这个道理就应当戒除。

训教说：我南巡多次，看到大江以南水土都很柔软，人身体也很单薄，各种食物，看起来鲜嫩奇特，但对于人的身体却没有什么补益；大江以北水土很好，人身体也很强壮，各种食物，也都对人有益。这是天地间水土一定的道理。现在或者有北方的人一心效法南方的饮食，这是绝对不可以的。不只是各地方水土不同，而且人的肠胃也不一样，勉强仿效，就会慢慢变得软弱，对身体有什么好处呢？

训教说：漆器之中，以洋漆漆得最好，所以人们都认为洋人最巧，做出来的东西最好，却不知道漆这种东西，适宜于潮湿而不适宜于干燥。中国地方干燥尘土多，所以漆器的颜色最暗，看起来好像粗糙。洋人的国家在海中，空气潮湿没有尘土，所以漆器的颜色非常华美。这都是各地的水土造成的，并不是洋人所造的东西好，中国人所造的赶不上。

训教说：边境的水土肥美，本地人只种糜子、黍子、稗子、高粱等作物，总不知道种别的谷物。因为我巡行驻扎在边外，完全知道土地的条件，教本地人种植各种谷物，几年以来，各种谷物都获得了丰收，开垦的土地也很多，各处来聚集这地方的人也很多，就是在山间沟壑中，都变成大村落了。上天怜爱世人，凡是水陆之地，没有一处不可以养活人的，只是担心人不勤奋、不努力。果真能勤奋努力，到处都可以耕田凿井，以供养妻子儿女。

训教说：我朝满洲旧的习惯，凡是饮食一定均分，不论多少，每个人都要分到，让他们尝尝味道。我吃饭的时候，让某个人出去办事，必定留一份饭菜等他回来给他吃。青海台吉到这里来时，我在闲谈中问他们那里的风俗，也是这样。由这点看来，古昔时所实行的礼仪，规模方式都一样，几乎没有内外远近的分别。

四十、初得西洋自鸣钟

训曰：明朝末年，西洋人始至中国作验时之日晷[①]。初制一二时，明朝皇帝目以为宝而珍重之。顺治十年间[②]，世祖皇帝得一小自鸣钟以验时[③]，刻不离左右。其后又得自鸣钟稍大者，遂效彼为之。虽能仿佛其规模而成在内之轮环[④]，然而上劲之法条未得其法，故不得其准也。至朕时，自西洋人得作法条之法，虽作几千百，而一一可必其准，爰将向日所珍藏世祖皇帝时自鸣钟尽行修理，使之皆准。今与尔等观之，尔等托赖朕福，如斯少年皆得自鸣钟十数，以为玩器，岂可轻视之，其宜永念祖父所积之福可也。

训曰：朕所居殿现铺毡片等物，殆及三四十年而未更换者有之。朕生性廉洁，不欲奢于用度也。

训曰：旧满洲忌讳之事皆如古典。即如遇一忌讳之事，有年高者则子弟为年高者忌讳，子孙众多年高者亦为子孙忌讳，是皆彼此爱敬之意。汝等知此，必遵而行之。

训曰：大凡残疾之人不可取笑，即如跌蹼之人亦不可哂[⑤]。盖残疾之人见之宜生怜悯。或有无知之辈见残疾者每取笑之。其人非自招斯疾，即招及子孙。即如哂人跌蹼，不旋踵间或即失足。是故我朝先辈老人常言“勿轻取笑于人，取笑必然自招”，正谓此也。

[注释]

①日晷（guǐ）：亦名日规，中国古代利用太阳投射的影子来测定时刻的装置。②顺治十年：即1653年。③自鸣钟：即今之时钟，因每到一小时即有鸣声，时中国人所未见，故称自鸣钟。④轮环：即钟表内的转动齿轮。⑤跌蹼：摔倒，跌倒。哂（shěn）：讥笑。

[译文]

训教说：明朝末年，西洋人开始到中国制作检验时刻的日晷。最初做了一两个时，明朝皇帝就把它看作宝物珍藏起来。顺治十年（1653），世祖皇帝得到一个小自鸣钟，用来检验时间，时刻不离左右。后来又得到稍大一点的自鸣钟，便仿效它来制作。虽然能按照它的规模在里边做成齿轮，但是对作为动力的发条不得其法，因而验时不能准确。到我即位时，从西洋人那里得到了做发条之法，虽然做了几千几百只钟，而每一个都很准确，于是将以前所珍藏世祖时的自鸣钟全部修理，使每一只都很准。今天让你们看看，你们托我的福分如此，少年时就得到十几只自鸣钟，以为玩具，怎么可以轻视呢？应该永远思念祖父所积下的福分才可以。

训教说：我所居住的宫殿现在铺的毡片等物，几乎将近三四十年没有更换的也有，我生性廉洁，不想在用度方面奢侈。

训教说：原满洲忌讳的事情，都如同古代的制度。就如遇到一件该忌讳的事，有年纪大的人，那么子弟就为年纪大的人忌讳；子孙很多，年纪大的人也为子孙忌讳。这都是彼此爱护尊敬之意。你们知道这个道理，一定遵守并实行它。

训教说：大凡残疾的人，不可取笑人家。即使像失足跌倒的人，也不可以嘲笑。看见残疾的人宜生怜悯之心。有些无知的人，见到残疾的人每每取笑人家，这些人不是自己招来这种疾病，就是招及子孙。即如嘲笑别人跌倒，转眼之间自己可能跌伤了足。因此我朝先辈老年人常常说“不要轻易取笑别人，取笑别人必然招及自身”，讲的正是这个道理。

四十一、佛经中以白为净，故以素白为吉祥

训曰：素白之物，最为吉祥。佛经中以白为净，故蒙古、西番僧众供佛，见贵人必进白绫手帕①，以为贽见之礼②。且我朝一应喜庆筵宴，桌张亦必用素白布匹以为盖袱，此正古人“绘事后素”之义也③。

训曰：朕自幼凡祭祀典礼必亲行，以致其诚敬。今因年老，于诸祭祀典礼身不能者，宁遣王公大臣恭代，断不苟且行之以塞责也。今遣尔等恭代，亦必如朕之诚敬可矣。

训曰：明朝十三陵朕往观数次④，亦尝祭奠。今未去多年，尔等亦当往观祭奠。遣尔等去一二次，则地方官、看守人等皆知敬谨。世祖章皇帝初进北京，明朝诸陵一毫未动。收崇祯之尸⑤，特修陵园以礼葬之，厥后亲往奠祭尽哀。至于诸陵亦皆拜礼。观此，则我朝得天下之正，待前之厚，可谓超出往古矣。

［注释］

①手帕：古代以手帕作为礼品的象征。②贽（zhì）见：手执礼物求见。贽，初次拜见长辈、上级等所送的礼物。③绘事后素：语出《论语·八佾》。意为：先有白色的底子才可彩绘。④明朝十三陵：明代自明成祖朱棣至明思宗朱由检十三个皇帝的陵墓。⑤崇祯：即明思宗朱由检（1611—1644），年号崇祯。1627—1644 年在位。1644 年李自成进北京后，自缢于煤山（今景山），清兵入京后进行了安葬。

［译文］

训教说：白色素净的东西，最为吉祥。佛经中以白色为洁净，所以蒙古、西藏的僧人供佛，见到贵人必赠献白绫手帕，作为初见

面的礼物。我清朝所有的喜庆宴席，桌面上也必须用素净白布作为覆盖，这正是古人“先有白色的底子才可彩绘”的意思。

训教说：我从小凡是祭祀典礼，必亲自参加以表示自己的诚心敬意。现在因为年纪老了，对于各种祭祀典礼自身不能参加的，也要派遣王公大臣郑重地代替我，绝不随便敷衍，应付了事。现在派你们郑重地代替我，也要像我那样诚心敬意才可以。

训教说：明朝十三陵，我曾前往观看多次，也曾经祭奠。现在已经多年没有去了。你们也应当去观看祭奠。派你们去一两次，那么地方官、看守陵园的人都会敬重谨慎。世祖皇帝初进北京时，对明朝诸帝陵墓丝毫未动。收殓了崇祯帝的尸首，特地修了陵园，按照礼仪进行了安葬，其后又亲自前往奠祭表示哀情。对于其他诸陵也都拜礼。由此看来，我朝夺得天下是正当的，对待前朝的宽厚，可以说是超过已往的朝代了。

四十二、凡人平日当涵养此心

训曰：凡人平日必当涵养此心。朕昔足痛之时，转身艰难，足欲稍动，必赖两旁侍御人那移[①]，少著手即不胜其痛。虽至于如此，朕但念自罹之灾[②]，与左右近侍谈笑自若，并无一毫躁性生忿，以至于苛责人也。二阿哥德州病时[③]，朕一日视之，正值其含怒，与近侍之人生忿。朕宽解之，曰：“我等为人上者，罹疾却有许多人扶持任使，心犹不足。如彼内监或是穷人，一遇疾病，谁为任使？虽有气忿向谁出耶？”彼时左右侍立之人听朕斯言，无有不流涕者。凡此等处，汝等宜切记于心。

训曰：人于平日养身，以怯懦、机警为上。未寒凉即增衣服，所食物稍有不宜即禁忌之。愈谨慎、愈怯懦则大益于身。但观老大臣辈尽皆如此。朕每见伊等常以机心戏之[④]。然机心第不可用之于他处，若各用之于养身，其有益无比也。

一日指案上所置贺兰国铁尺[⑤]，训曰：此铁尺既不曲且无铁锈气味，尔等其知此乎？乃琢贺兰国刀而为之者[⑥]。夫改兵器而设于书案，亦偃武修文之意也[⑦]。曩者西洋人安多见之，曾谓："刀者，兵器，人人见而畏之；今设于书案，人人见而喜持焉，亦极吉祥之事。"斯言最得理也。

训曰：中华城池地理图样，虽载于直省志书，但取其大概，而地理之远近俱不得其准。朕以治历之法，按天上之度，以准地理之远近，故毫无差忒。曾分道遣人画山川城郭而量其形势，南至沔国[⑧]，北至俄罗斯，东至海滨，西至冈底斯[⑨]，俱入度内，名为《皇舆全图》[⑩]。又命善于丹青者精心绘出，刊刻成图颁赐。尔等观此图方知我朝地舆之广大，祖宗累积岂可轻视耶！即知创业之维艰，应虑守成之不易。朕惟祝告上天，俾天下苍生永乐此升平之世界耳。

训曰：人生凡事固有定数，然而其中以人力夺天工者有之，如取火镜、指南针[⑪]。一物之微，能参造化。至于推步七政之运行[⑫]，寒暑之节候，日月之交蚀[⑬]，皆时刻不爽。又若春耕夏耘，乃致西成秋获[⑭]，苟徒恃天工，不尽人力，何以发造化之机，而时亮天工乎[⑮]？

［注释］

①那（nuó）移：即挪动。②自罹（lí）之灾：自己遭受的灾祸。罹，遭遇，遭受。③二阿哥：指皇二子允礽。④机心：诡诈狡猾的用心。⑤贺兰国：应指荷兰国。⑥琢：雕琢，磨。⑦偃武修文：停息武备，修明文治。⑧沔国：应指缅甸。⑨冈底斯：即冈底斯山，横贯今西藏自治区西部，是西藏外流河和内流河的分界线。⑩《皇舆全图》：清康熙时绘制的全国地图。采用经纬图法，梯形投影，开中国近代地图之先河。⑪取火镜：是一种利用太阳光取火燃

烧的凸镜。⑫推步：推算日月星辰的运行。七政：指日、月和金、木、水、火、土五星。⑬日月之交蚀：指日蚀与月蚀相交。⑭西成：语出《尚书·尧典》。太阳西落，一日之终，指一年的秋天、收获的季节。⑮时亮天工：语出《尚书·舜典》。善于治理天下大事。

[译文]

训教说：所有的人平时都必须修养自己的身心。我以前脚痛的时候，转身都很困难，想稍微动一下脚，必须依赖两旁的侍御人员挪动，手不扶着东西脚即疼痛难忍。虽然到了这种地步，我只想这是自己遭受的灾害，与左右近侍仍然谈笑自如，并没有丝毫急躁发脾气，以至于去苛责他人。二阿哥在德州生病时，我有一天去看他，正当他含怒，对近侍人发脾气。我安慰他说："我们这些为人上的人生了病，还有许多人照顾和使唤，心还不知足。像那些宫里的太监或者是穷人，一遇到生病，又有谁任他使唤？虽然有些气愤，向谁发去？"那时左右侍立的人听到我这些话，没有不流下眼泪的。凡是这些地方，你们要切记在心中。

训教说：人平日保养身体，以小心谨慎、机智灵敏为上，天气未寒冷时就要及时增加衣服，所吃的东西稍不适宜就要禁忌而不吃。越谨慎、越小心，对身体就大有好处。观察年高的大臣们都是这样。我每次看见他们经常用"诡诈的心"和他们开玩笑，然这种心计不能用在别处，假如都能用在保养身体上，就有无比的好处了。

一天指着桌上放着的荷兰国铁尺，训教说：这把铁尺既不弯，又没有铁锈气味，你们知道它的由来吗？这是把荷兰刀琢磨后做成的。把兵器改造后放在书架上，这也是偃武修文的用意。以前西洋人安多看到后曾说："刀是兵器，人人见了都很害怕；今天放在书案上，人人见了都喜欢拿一拿，这也是很吉祥的事。"这话说得最为得理。

训教说：中国的城池地理图样，虽然记载在直隶以及各省的志书上，但只是取个大概情况，而且距离的远近都不准确。我用制定历法的办法，按照周天的度数，来划定地理的远近，因此毫无差错。曾经分别派人跑遍山川城郭测量各地形势，南至缅甸，北至俄罗斯，东至海边，西至冈底斯山，都在限度以内，取名为《皇舆全图》。又命擅长绘画的人精心画出，印制成图册，颁赐给你们。观看这个图才知道我朝地域的广大，祖宗积累下来的功德怎么可以轻视呢！既然知道创业的艰难，就应该考虑到守业之不容易。我只有祷告上天，使天下老百姓永久享受这太平之世的快乐。

训教说：人的一生凡事都有一定的命运，然而其中也有以人力巧取天工的事，如取火镜和指南针。一件微小的事物，能够参与自然的创造和变化。至于推算日月星辰的运行、寒暑气节、日蚀和月蚀的交替，都时时刻刻没有差错。又如春天耕种、夏天锄草，直到秋天收获，若只凭天工，而不发挥人力的作用，怎么能发挥自然造化的机能，而善治天下大事呢？

四十三、皇子阿哥当思各自保重

训曰：汝等皆系皇子、王、阿哥富贵之人，当思各自保重身体。诸凡宜忌之处必当忌之，凡秽恶之处勿得身临。譬如出外所经行之地，倘遇不祥不洁之物，即当遮掩躲避。古人云："千金之子，坐不垂堂。"①况于尔等身为皇子者乎？

训曰：为人上者，居处宫室虽贵洁净，然亦不可太过成癖。尝见有人过于好洁，其所居之室一日扫除数次，家下人著履者皆不许入，衣服少有沾污即弃而不用，亲属所馈饮食俱不肯尝，此等人谓之犯"洁癖"，久之所为身累。盖其性情识见鄙隘已甚，实非正心养身之大道，特语尔等知之。

训曰：父母之于儿女，谁不怜爱？然亦不可过于娇养。若小儿过于娇养，不但饮食之失节，抑且不耐寒暑之相侵，即长大成人，非愚则痴。尝见王公大臣子弟中每有痴呆软弱，皆其父母过于娇养之所致也。

［注释］

①千金之子，坐不垂堂：语出《史记·司马相如列传》。意为：富贵人家子弟，不坐在屋檐下（因害怕瓦掉下来砸伤）。

［译文］

训教说：你们都是皇子、王、阿哥富贵的人，应当考虑各自保重身体。凡是各种宜禁忌之处一定要禁忌，凡是污秽肮脏的地方不要亲自去。譬如出外所经过的地方，倘若遇到不吉利不干净的东西，就应该遮掩躲避。古人云："富贵人家的子弟，不坐在屋檐下面。"何况你们这些身为皇子的人呢？

训教说：为人上的人居住的地方虽然应该清洁干净，但也不要太过成癖。我以前见到有人过于爱好清洁，他所住的房子一天要打扫几次，家里仆人穿着鞋的都不许进入，衣服稍微有一点污渍，就丢掉不用了，亲属所馈赠的饮食都不肯尝，这种人就叫作犯"洁癖"症，如此时间久了反而身受其累。这是其性格见识鄙陋狭隘过甚，实在不是正心修身的正确方法，特地告诉你们知道。

训教说：父母对于儿女，谁不疼爱呢？然而也不能过于娇生惯养。如果小儿过于娇生惯养，不但饮食会失去节制，甚而不能忍耐寒冷暑热的侵袭，即使长大成人，不是愚笨就是痴呆。我曾看见王公大臣子弟中每每有痴呆和软弱的，这都是他们父母过于娇生惯养所造成的。

四十四、出猎亦得使之以时，养之以节

训曰：我朝旧制多合经书古典。满洲例[①]：带马必以右手，

牵犬必以左手。《礼记》即然[②]，如斯类者尽有。

训曰：古人一年四季出猎，若此则人劳而禽兽亦不得遂其生。朕一年两季行幸，春日水猎，欲人之习于舟楫也；秋日出哨[③]，欲人之习于弓马也。若此则人不劳而禽兽亦得遂其生，是故我朝之兵甚强健，所向无敌者，实朕使之以时而养之以节之所致也。

[注释]

①满洲例：指在关外时满洲的习俗。②《礼记》即然：《礼记·曲礼上》："效马、效羊者右牵之，效犬者左牵之。"③出哨：即行猎。哨，本指巡逻警戒。

[译文]

训教说：我朝旧有的制度，大多符合古代的经书典籍。满洲的旧俗：带马一定要用右手，牵狗一定要用左手。《礼记》就是这样记载的，像这样的事情很多。

训教说：古代人一年四季都出外打猎，要是这样，人疲劳而禽兽也不能顺利成长。我一年两次出外巡幸，春天在水中捕鱼，是为了训练人们乘船摇桨的能力；秋天出去打猎，是为了训练人们射箭骑马的能力。像这样，人就不会疲劳，而禽兽也能顺利生长。因此我朝士兵非常强健，没有能够抵挡的敌人。实际是我按时令训练他们，并且按季节保养他们所得到的结果。

四十五、黄、淮两河关系漕运民生

训曰：朕初次南巡阅河，各样船俱试坐之，皆不甚妥。厥后，朕亲指示作黄船，尽善尽美，极其坚固。虽遇大风浪，坐此船毫无可虑也。朕于大小事务必搜其本原，复谘于众，然后行之。

训曰：黄、淮两河关系漕运民生[①]，最为重要。故朕不惮勤劳，屡亲巡阅，察其险易之形势，审其疏导之机宜，缓急次第，具有成画。大修工程，费以数百万计，岁修帑金亦以数十万计[②]。乃康熙三十七年黄、淮并涨，总河董安国不坚筑堤堰[③]，疏通海口，因而河身垫高，以致倒灌洪泽湖口，湖水从六坝旁汇，由运河入下河，淹没民田。于是罢董安国，而以于成龙代之[④]，授以治河方略。三十八年亲往阅视，驻跸清口河干[⑤]，面谕于成龙：清口宜筑挑水坝，抛黄河使趋北岸，始免倒灌清口之患。而于成龙未获成功，继用张鹏翮为总河。又令大臣官员往高堰筑堤，坚闭六坝，使洪泽湖水畅出清口。仍谕张鹏翮[⑥]：清口筑挑水坝尤为紧要，此坝不筑，则黄水顶冲，断不能使向北岸，湖水必不得畅流。张鹏翮遵奉朕言，坝功筑成，黄流遂直趋陶庄[⑦]，清水因以畅流。叠经伏秋大涨[⑧]，并无倒灌之事。又命浚张福口等引河，筑归仁堤，疏人字、芒稻、泾、涧等河，开大通口，皆一一告竣。曩时黄水泛涨，或与岸平，或漫溢四出。今黄河深通，河岸距水面数十余丈，纵遇大涨，亦可无虞。此皆由朕深念河工国家大事，夙夜廑怀[⑨]，未尝少释，且简命河臣，倚任甚切，所属官吏，俱听选用。凡在河工大小官员，并皆勉力赴工，共襄河务之所致也。此系朕治河始末，语尔等识之。

训曰：言治河者谓宜顺其入海之性，不宜障塞以与之争，此但言其理耳。今河决在七里沟，去海至四十余里，若听其顺流入海，既可不劳人功，亦且永无河患，岂不甚便？但淮以北二百里之运道遂成枯渠。国计所关，故不得不使其迂回而入淮河之故道。此由时势与古不同也。

[注释]

①漕运：古代王朝通过水道运输粮食供京师或军需所用。②帑（tǎng）

金：国库里的钱财。③总河：河道总督之俗称。④于成龙（1638—1700）：汉军镶红旗人。历任安徽按察使、直隶巡抚、河道总督。⑤清口：亦称泗口。古泗水入淮河之口，在今江苏淮阴西。古泗水一名清水，故名。⑥张鹏翮（hé）（1649—1725）：四川遂宁人，历官浙江巡抚、江南江西总督、河道总督、刑部尚书、武英殿大学士。曾著《河防志》。⑦陶庄：地名，今山东省枣庄市西。⑧伏秋：指夏秋。伏，指伏天、夏日。⑨廑（qín）怀：殷勤关注。

［译文］

训教说：我第一次南行巡视黄河，各式各样的船都试坐过，都感觉不稳妥。后来，我亲自指示制造黄船，各方面都很满意，非常坚固，即使遇上大风浪，坐这种船也丝毫不必担心。我对大小事情，必定要追寻它的本源，再询问众人的意见，然后才去做。

训教说：黄河、淮河两条大河，关系到水运粮食和人民生计，非常重要。所以我不怕辛苦，多次亲自巡视，考察地势的险阻与平坦，详细寻找疏导水流的适宜时机、缓急的先后次序，有了一定的规划。大规模的修理工程花去数百万，每年修理工程花去的库银也有数十万。在康熙三十七年，黄、淮两河共同涨水，河道总督董安国不修筑坚固堤堰，疏通海口，因而导致河床垫高，以致河水倒流，灌入洪泽湖口，湖水从六处堤坝外泄，由运河流入下河，淹没民田。于是便罢免了董安国，而用于成龙来代替，教给他治河的方针办法。康熙三十八年，我亲自前往巡察，驻扎在清口河岸边，当面告诉于成龙：清口适宜修筑挑水坝，阻遏黄河水流向北岸，才能免除河水倒灌清口的祸患。但是于成龙没有获得成功，接着又用张鹏翮为河道总督，又命令大臣官员前往高堰修堤，牢固地封闭六坝，使洪泽湖水顺利流出清口。仍旧指示张鹏翮：在清口修筑挑水坝，尤其紧要，此坝不筑，那么黄河水从上面直冲下来，绝不能使之流向北岸，湖水必定不能顺利流出。张鹏翮遵从我的指示，将坝堤筑成，黄河水便直流陶庄，清水因而顺利流淌。屡经伏天秋季，河水大涨，并没有发生倒灌（洪泽湖和清口）之事。又命令疏通张福口等引河，修筑归仁堤，疏通人字、芒稻、泾、涧等河，开凿大通口，都逐一完成。过去黄河水泛滥，有时河水与岸相平，有时漫溢流向四处。现今黄河河道加深流畅，河岸距离水面有数十丈远，纵然遇到水势大涨，也没有可担忧的。这都是我深切考虑到河工是国家大事，日夜殷勤关怀，从来没有稍微懈怠，而且选用治河大臣，甚为重用他们，所属官吏都听从他们选用，凡在治河工程上的大小官员，都能努力工作，并且协助治河事务的结果。这些就是我治理黄河的始终，特别告诉你们知道。

训教说：谈论治河的人说，应当顺应河水东流入海的本性，不应当阻塞它而使之与水势争胜。这话只是讲治河的道理。现在河决口在七里沟，距离大海四十多里，如果听任其顺流入海，既可以不动用人力，又可以永无水患，岂不是很便利吗？但那样的话淮河以北二百里的运河河道也就成了干渠。这是关系国计的大事，所以不能不让黄河绕道进入淮河的故道。这是由于时势与古代不同啊。

四十六、王、贝勒、贝子各宜本分度日，不可干预外事

训曰：尔等荷蒙朕恩作王、贝勒、贝子[①]，各自分家异居矣。但当谨遵国法、守尔等本分度日可也。尔等王职惟朝会大典[②]，除此，凡外边诸事不可干预。朕若命以事务，当视朕之所命，尽心竭意，方不负朕之所用，而贻人讥笑也。

训曰：凡人养身，重在衣食。古人云："慎起居，节饮食。"然而衣服之系于人者亦为最要。如朕冬月衣服宁过于厚，却不用火炉。所以然者，盖为近火则衣必薄，出处行走必致感寒。与其寒而加服，何如未寒而先进衣乎？

训曰：朕出猎在外，虽遇极寒时，不下帽檐，面庞、耳轮一次未冻。然而寻常在家，衣必厚实。盖出猎在外，必预防寒冷。若寻常在家，偶尔出行，忽感寒气者有之，宜常防范。

训曰：曩者一时作兴吹筒③，吹者甚多，朕亦尝试之，不济于用，且甚伤人气，近来皆不用矣。与其用无益之物，何若暇时熟习弓马，不亦善乎？

训曰：朕用膳后，必谈好事，或寓目于所作珍玩器皿，如是则饮食易消，于身大有益也。

［注释］

①王、贝勒、贝子：清代贵族的封号。王，指亲王，多为宗室或近支亲属，或有特殊功劳者，封以王号；贝勒，初为女真各部酋长之称，清入关后定为一种爵位，在亲王、郡王之下；贝子，原为贝勒的复数，即“众贝勒”之意，入关后定为一种爵位，在亲王、郡王、贝勒之下。②朝会大典：指清王朝遇重大事情举行的庆典活动，亲王、贝勒、贝子等朝见皇帝。③作兴：兴起。吹筒：一种吹管乐器。

［译文］

训教说：你们蒙受我的恩典做了亲王、贝勒、贝子，各自分家别居了。但应当遵守国家的法度，守你们的本分过日子才可以。你们的爵位职责只有参与朝会大典，除此之外，凡外边各种事情，都不能干预。我若命令你们做某事，应当按照我所发的命令，尽心竭力去做才不辜负我对你们的任用而让人们讥笑。

训教说：人们保养身体，着重在衣服和饮食。古人说：“日常生活要谨慎，饮食要节制。”然而衣服对人来说也很重要。例如我在冬天衣服宁愿穿得厚些，也不用火炉。所以这样做的原因，乃是因为人一烤火衣服就穿得很薄，出外行走，必定感到寒冷。与其感到寒冷再加衣服，何如还没寒冷先加上衣服呢？

训教说：我打猎在外，即使遇到非常寒冷时，也不放下帽檐，面庞和耳轮一次也未冻着。然而平时在家，衣服必然穿得很厚。至于出外去打猎，必须预防寒冷。假若平常居住在家，偶然出外行走，忽然感到有寒气，也是有的，应当常常加以防范。

训教说：过去一度兴起吹筒，吹的人很多，我也试着吹过，不适宜于用，而且很伤害人的气力，近来都不用了。与其用没有益处的东西，还不如在空闲时熟习射箭骑马，不是也很好吗？

训教说：我用膳后必谈论一些好事，或看看所珍藏的珍玩器皿，这样，吃下的食物就容易消化，对于身体有很大好处。

四十七、命由心造，福自己求

训曰：子平、六壬、奇门等学[①]，俱系后世人按五行生克[②]，互相敷演而成。其取义也，虽极巧、极精，然其神煞名号尽是人之所定，揆之正理，实难信也。世人习某件即偏于某件，以为甚深且奥，以夸耀于人。朕于暇时亦曾究心此等杂学，以考其根源。一一洞彻，知其不能确准，又焉能及古圣所传之大道耶？

训曰：河图顺转而相生，洛书逆转而相克[③]，盖生者所以成其体，而克者所以宏其用。《大禹谟》："水、火、金、木、土、谷，惟修。"[④]以五行相克为次第，可见相克是五行作用处。今术数家或以相克取财官，或以相克取发用，亦此理也。

训曰：人之一生虽云命定，然而命由心造，福自己求。如子平五星推人妻财子禄及流年月建[⑤]，日后试之多有不验。盖因人事未尽，天道难知。譬如推命者言当显达，则自谓必得功名，而诗书不必诵读乎？言当富饶，则自谓坐致丰亨[⑥]，而经营不必谋计乎？至谓一生无祸，则竟放心行险，恃以无恐乎？谓终身少病，则遂恣意荒淫，可保无虞乎？是皆徒听禄命，反令人堕志失业，不加修省，愚昧不明，莫此为甚！以朕之见，人若日行善，命运虽凶而可必其转吉；日行恶事，命运纵吉而可必其反凶。是故“命”之一字，孔子罕言之也⑦。

[注释]

①子平：一种占卜星命之术。宋代徐子平撰有《徐氏珞琭子赋注》二卷，以人的出生年月日时为八字，配对干支，来推算附会人的吉凶祸福，世称子平术。六壬：古代一种占卜术。因六十甲子中有六个壬（壬申、壬午、壬辰、壬寅、壬子、壬戌），故名。奇门：古代的占卜术，以十天干中的乙丙丁为三奇，故称奇门，亦称遁甲。以三奇配以戊己庚辛壬癸为六仪，三奇、六仪分置九宫，以甲统之，推算吉凶。②五行生克：指阴阳家所主修的五行（水、火、木、金、土）相生相克学说。相生指一物对另一物的产生或促进，如谓木生火、土生金；相克指一物对另一物的抑制或否定，如金克木、火克金等。③河图、洛书：古代儒家关于《周易》和《洪范》两书来源的传说。《易传·系辞上》：“河出图，洛出书，圣人则之。”是说黄河里出现了图，洛水里出现了书，伏羲仿照它作八卦。另一说是禹治水时，上帝赐他《洪范九畴》，此为洛书起源。宋代陈抟说法又不同。④《大禹谟》：《尚书》篇名。谟，谋略之意。“水、水”二句：水、火、金、木、土、谷，六件事都要治理。⑤流年：指年华。月建：指一年十二月每月之辰。如正月为建寅之月，十月为建亥之月。⑥丰亨：富厚通顺。《易经·丰》：“丰亨，王假之。”疏：“财多德大，故谓之丰。德大则无所不容，财多则无所不济，无所拥碍谓之为亨，故曰丰亨。”⑦“命”之一字，孔子罕言之：语出《论语·子罕》：“子罕言利与命与仁。”

[译文]

训教说：子平、六壬、奇门等杂学，都是后世人按照五行相生相克，互相附会演绎出来的。取用的意思虽然极为精巧，但它们的神鬼名号，全是人所起的，用正常的道理来衡量，实在难以相信。世人熟习某件事情便偏向某件事情，以为很深而且奥秘，用它向别人夸耀。我在空闲时也曾用心研究过这些杂学，考察它的根源，一件一件都弄清了，知道它们所说都不准确，怎么能比得上古代圣贤所传授的大道理呢？

训教说：河图顺向转动而万事万物生长，洛书逆向转动而万事万物相互排斥。相生者构成事物的本体，而相克者发扬了事物的功用。《大禹谟》说："水、火、金、木、土、谷六种事情，都要治理。"以五行相克为顺序，可见相克是五行发生作用之处。今天有的术数家依据相克的道理推测升官发财，或者用相克推测发生作用，也是这个道理。

训教说：人的一生虽说是由命运决定，但是命运是由自己创造的，幸福是由自己求取的。例如子平用五星（金、木、水、火、土）来推算人何时娶妻、发财、得子、当官及年华运气，过后进行验证，大多都不灵验。那是因为人应做的事没有做完，客观万物的运行规律难以知道。譬如推算命运者说你应当显达，你便自以为必定取得功名地位，连诗书都不必诵读了吗？说你会富裕充足，你就自以为可以坐享丰厚通达，用不着经营谋划生计了吗？至于说一生没有祸患，就敢放心去做危险的事，什么都不惧怕吗？至于说一辈子少生病，就随心所欲任意荒淫，可以保证没有忧患吗？这都是徒然听从福禄命运，反而令人消磨意志不做事业，不修身反省，愚昧不明事理，没有比这个更为过分的！以我的看法，人若能经常做善事，命运虽然坏，也必然可以转化为吉利。经常做恶事，命运虽然好，也必然会转化为凶恶。因此"命"这一个字，孔子是很少说的。

四十八、读书各随分量所及，审其先后而致功

训曰：《易》云："天在山中，大畜。君子以多识前言往行，以畜其德。"[①]夫多识前言往行要在读书。天人之蕴奥在《易》，帝王之政事在《书》[②]，性情之理在《诗》[③]，节文之祥在《礼》[④]，圣人之褒贬在《春秋》[⑤]。至于传记、子、史，皆所以

羽翼[⑥]。圣经记载往迹，展卷诵读，则日闻所未闻，智识精明，涵养深厚，故谓之畜德，非徒博闻强记，夸多斗靡已也[⑦]。学者各随分量所及，审其先后而致功焉。其芜秽不经之书、浅陋之文，非徒无益反而有损，勿令入目，以误聪明可也。

训曰：圣贤之书所载皆天地、古今、万事万物之理，能因书以知理，则理有实用。由一理之微，可以包六合之大[⑧]；由一日之近，可以尽千古之远。世之读书者，生乎百世之后，而欲知百世之前，处乎一室之间，而欲悉天下之理，非书曷以致之？书之在天下，五经而下[⑨]，若传若史，诸子百家，上而天，下而地，中而人与物，固无一事之不具，亦无一理之不该。学者诚即事而求之，则可以通三才[⑩]，而兼备乎万事万物之理矣。虽然书不贵多而贵精，学必由博而守约，果能精而约之，以贯其多与博，合其大而极于无余，会其全而备于有用。圣贤之道岂外是哉？

训曰：朕自幼好看书，今虽年高，万几之暇犹手不释卷[⑪]。诚以天下事繁，日有万几，为君者一身处九重之内[⑫]，所知岂能尽乎？时常看书知古人事，庶可以寡过。故朕理天下事五十余年无甚差忒者，亦看书之益也。

［注释］

①“天在山中”四句：语出《易经·大畜》。②《书》：指《书经》，即《尚书》。③《诗》：指《诗经》。④《礼》：指《礼记》。⑤《春秋》：指《春秋》经文，有时兼指《左传》。⑥羽翼：辅助。⑦夸多斗靡：夸耀自己读书或文章多而美好。⑧六合：指天、地和东、南、西、北四方。⑨五经：指《诗经》、《尚书》、《易经》、《礼记》、《春秋》五部儒家经典。⑩三才：指天、地、人。语出《易经·说卦》：“是以立天之道曰阴与阳，立地之道曰柔与刚，立人之道曰仁与义。兼三才而两之，故《易》六画而成卦。”⑪万几：万事，繁忙的事务。⑫九重：帝王所居宫禁之地。意为如九层天之深远也。

［译文］

训教说：《易经》上说：“天在山中，是大畜卦。君子因此多记住前贤的言论和行事，来提高他的品德。”要多记住前贤的言论和行事，关键在读书。天人关系的深奥含义在《易经》中，帝王的治国政事在《书经》中，性情的道理在《诗经》中，礼节仪式的详细在《礼记》中，圣人对史事人物的称赞和斥责在《春秋》中。至于传记、子书、史书，都是对经典的辅助。圣贤经典记载已往的事迹，打开书进行诵读，就每日能够知道以前从未知道的事情，智慧见识就会精明，修养就会深厚，所以叫作蓄积德行，并不只是为了多听多记，以此炫耀而已。学者要根据各自的能力所及，审察学习的先后而达到一定的成就。那些杂乱荒诞的书籍，浅薄粗陋的文章，不仅没有好处，反而有害，不要去看，以致误了自己的聪明。

训教曰：圣贤书中所记载的，都是天地、古今、万事万物的道理，能够根据这些书懂得道理，这些道理就会有实际的用处。由一件事情的微细道理，就可以包涵天地四方的大道理；由一天之近的学习，就可以知道千百年以前遥远的事情。世间的读书人生在百世之后，要想知道百世之前的事情，处在一间房子之内，而想知道天下的道理，不读书怎么能够达到呢？天下的书，五经以下，如传记，如历史，如诸子百家，上至天，下至地，中间有人与物，没有一件事情不具备的，也没有一个道理不包括的。学者真能够就每一件事物而寻求，便可以通晓天、地、人三才，而兼备有万事万物的道理了。尽管如此，读书还是不重在读得多而重在读得精，学习必须由广博而达到简要，如果能做到精而简要，用以贯通广和博，综合其大而穷尽至无所剩余，汇聚其全面而备以实际运用，圣贤的道理还有在此之外的吗？

训教说：我从小就爱看书，现在虽然年纪大了，在处理繁杂政务之闲暇，仍然手不释卷。这是因为天下的事情繁多，一天就有千万头绪，做君主的身居九重宫禁之内，所知道的事情怎能完全呢？经常看书，知道古人的事情，就可以少犯过错。因此我治理天下事五十多年没有太大的错误，也是看书得到的益处。

四十九、凡人最要者，惟力行善道

训曰：凡人最要者，惟力行善道。能尽五伦而一心笃于行善[①]，则天必眷佑，报之以祥；若徒口言善而心存奸邪，决不为天所佑。是以古圣人惟欲人之止于至善也。

训曰：好疑惑人非好事。我疑彼，彼之疑心益增。前者丹济拉来降之时[②]，众皆谏朕宜防备之。朕心以为丹济拉既已来降，即我之臣，何必疑焉？初至之日，即以朕之衣冠赐之，使进朕帐幄内近坐赐食，傍无一人，与伊刀切肉食。彼时丹济拉因朕之诚心相待，感激涕零，终身奋勉尽力。又，先时台湾贼叛[③]，朕欲遣施琅[④]，举朝大臣以为不可，遣去必叛。彼时朕召施琅至，面谕曰："举国人俱云汝至台湾必叛。朕意汝若不去台湾，绝不能定汝之不叛。"朕力保之，卒遣之。不日而台湾果定。此非不疑人之验乎？凡事开诚布公为善，防疑无用也。

训曰：年高之人，理当厚待怜恤之。且其年皆与我先辈年等，怜之敬之，则福寿亦增耳。

［注释］

①五伦：指五种人伦关系，即君臣、父子、夫妇、兄弟、朋友。②丹济拉（？—1708）：厄鲁特蒙古人，曾率军侵喀尔喀，于康熙三十六年（1697）为清兵所败而降。授内大臣，后又封扎萨克辅国公。③台湾贼：指当时占据台湾的郑克塽。④施琅（1621—1696）：福建晋江人，原为明朝总兵郑芝龙部将。顺治三年（1646）随郑芝龙降清，曾任水师提督。康熙二十二年（1683）率师攻占台湾，封靖海侯。

［译文］

训教说：凡人最重要者，只有努力去做善事。能尽力遵守五伦的道德而一心认真地去做善事，上天必定关怀保佑，回报他以吉祥；假若只是口头上说善而心里却怀着奸邪，决不会被上天保佑。因此古圣人只是要人达到最善的境地。

训教说：喜欢怀疑他人不是好事。我怀疑他，他的疑心就会愈益加重。从前丹济拉来投降之时，大家都劝谏我要适当地防备。我内心以为丹济拉既然已经前来投降，即为我的臣下，何必要怀疑呢？初到的那一天，即把我的衣冠赐给他，让他进入我的帐篷之内，坐在我的近旁赐他吃饭，旁边没有一个人，和他用刀子切肉吃。那时丹济拉因为我的诚心相待，感激得流下泪来，终生勤奋努力，尽力尽心。还有前些时候台湾贼反叛，我打算派遣施琅，满朝大臣都认为不可派遣，若遣去必然叛变。那时我召施琅前来，当面告诉他说："全国人都说你到台湾必然反叛，我认为你若不去台湾，绝不能断定你不反叛。"我全力保举施琅，终于派遣了他。不多久台湾果然平定。这难道不是不怀疑人的证明吗？凡事以公开诚心为善，防备猜疑是没有用的。

训教说：对老年人按理应当厚待而尊敬关怀，因为他们的年纪和我们的先辈相当，关怀他们，尊敬他们，则我的福禄年寿也增加了。

五十、我生性最忌杀戮，正以天地好生

训曰：朕自幼登极[①]，生性最忌杀戮。历年以来，惟欲人善而又善。即位至今，公卿大臣保全者不记其数。即如幼年间于田猎之时，但以多戮禽兽为能；今渐渐年老，围中所圈乏力之兽尚不忍于射杀。观此，则圣人所言"我欲仁，斯仁至矣"之语[②]，诚至言也。

训曰：饮食之制，义取诸鼎，圣人颐养之道也。是故古者大烹，为祭祀则用之，为宾客则用之，为养老则用之，岂以恣口腹为哉！《礼·王制》曰：“诸侯无故不杀牛，大夫无故不杀羊，士无故不杀犬豕，庶人无故不食珍。”《论语》曰：“子钓而不纲，弋不射宿。”[③]古之圣贤其于牺牲禽鱼之类，取之也以时，用之也以节。是故朕之万寿与夫年节有备宴恭进者，即谕令少杀牲。正以天地好生，万物各具性情而乐其天，人不得以口腹之甘而肆情炰脍也[④]。

［注释］

①朕自幼登极：康熙帝八岁登极，故言“朕自幼登极”。②我欲仁，斯仁至矣：语出《论语·述而》。意为：我想做到仁，仁就来了。③子钓而不纲，弋不射宿：语出《论语·述而》。意为：孔子钓鱼，不用纲绳拦截水流中的鱼，用带生丝的箭来射鸟，不射已经归巢的鸟。这是说取物以寓于爱物之意，不要尽取。④炰脍（páo kuài）：烹煮肉块之类的佳肴。

［译文］

训教说：我自幼年即位做皇帝，生性最忌讳杀害生灵，多年以来，只希望人善良而再善良。从我即位到现在，朝廷大臣保全性命者不计其数。即如我幼年时出外打猎，只知道以多射杀禽兽表现我的能力；现在渐渐年老，猎场中所圈养的那些无力逃跑的野兽还不忍心射杀。看到这一点，圣人所说“我想做到仁，仁就来了”这句话，的确是至理名言啊。

训教说：饮食制度，其大道取之于作为礼器的鼎，这是圣人安养身心的方法。因此古代人的丰盛食物，是为了祭祀而用的，为了招待宾客而用的，为了奉养老人而用的，难道是为了满足口腹之乐吗！《礼记·王制》说：“诸侯无故不杀牛，大夫无故不杀羊，士无故不杀狗、猪，庶人无故不吃珍物。”《论语》说：“孔子钓鱼，不用纲绳截止水流取鱼，不射已经归巢的鸟。”古代的圣贤，对于祭祀用的牺牲和食用的禽鱼之类，猎取也按照时令，享用时也有所节制。因此在我的寿诞和年节必要准备宴席进呈时，我即谕令他们少杀生。正是以天地爱惜生灵，万物各自具有自己的性情而乐于顺应天命，人不能为满足口腹对美味的需求而纵情地烹煮。

五十一、字乃天地间之至宝

训曰：字乃天地间之至宝，大而传古圣欲传之心法，小而记人心难记之琐事。能令古人今人隔千百年觌面共语[①]；能使天下士隔千万里携手谈心；成人功名，佐人事业，开人识见，为人凭据，不思而得，不言而喻，岂非天地间之至宝与？以天地间之至宝而不惜之，糊窗粘壁，裹物衬衣，甚至委弃沟渠，不知禁戒，岂不可叹！故凡读书者一见字纸必当收而归之篋笥，异日投诸水火，使人不得作践可也。尔等切记！

训曰：孟子云："为政者每人而悦之，日亦不足矣。"[②]是言也，诚得为政之要道。即如近河居民地势洼下，阴雨稍多，即觉水涝；近山居民地势高阜，数日不雨，即觉亢旱。天道尚然，何况人事？故为政者应持大体，府事允治[③]，自然万世永赖久安。长治之道，未有以政徇人者也[④]。孟子此言，深切政体，特语尔等知之。

训曰：兹者一两年间春夏之交稍旱，外边无知之人即妄言，以为大旱。朕少时曾经正月至于六月不雨，朕于交泰殿前圈席墙[⑤]，在内三昼夜虔祷，虽盐酱小菜一毫不食。步至天坛祈雨[⑥]，去时天上晴明，礼毕将回即降细雨，及出坛门则大雨倾盆，田亩尽濡泽矣。今年未至若彼之旱，且朕年高不能如彼时之斋戒步祷，身诚不能，乌用欺众为哉？此亦朕生性不务虚饰之一端也。

［注释］

①觌（dí）面：见面，当面。②“为政者每人而悦之”二句：语出《孟子·离娄下》。意为：当政者讨好每一个人，那时间就很不够用了。③府事允治：官府的事治理得公平。④徇人：顺从他人。⑤交泰殿：清故宫宫殿名，在乾清宫后坤宁宫前，因在两宫之间，取天地交泰之义而名。⑥天坛：为明清两代帝王祭天和祈祷丰收的地方。在原北京外城的东南方。

［译文］

训教说：文字是天地间最好的宝物，大的方面记载古代圣贤要传授后人的修养思想的方法，小的方面记载人心难于记住的琐事。能够使古人和今人相隔千百年而当面对话；能够使天下的士人相隔千万里而携手谈心；帮助人成就功名，辅助人们从事事业，开启人的认识见闻，使人做事以为凭据，不用思考就能得到，不用说话就能明白，这难道不是天地间最宝贵的东西吗？给人们天地间最宝贵的东西人们却不爱惜，用来糊窗户粘墙壁，包东西衬衣服，甚至于扔在沟渠里，不知道禁止，难道不可叹息吗！因此凡读书人一看见有字的纸，必定收起来放在箱篓里面，过些时候把它烧掉和投入水中，使人们不能去作践它才好。你们要认真记在心里！

训教说：孟子说：“执政的人要使每个人都喜欢，那时间就不够用了。”这话的确说出了执政的重要道理。就像住在河边的居民，因地势低洼，阴天下雨稍多时，即感觉水涝；靠近山边的居民，因地势高而突起，几天不下雨，就觉得非常干旱。自然的规律尚且如此，何况人间的事呢？因此当政者应该把握大局，官府的事治理公平，自然就能万世依赖，长久安定。长期太平之道，没有用政事来顺从他人的。孟子这话，非常切合政事，特地告诉你们知道。

训教说：最近一两年时间，春夏之际天稍旱，社会上无知的人便瞎说天要大旱。我小时候曾经遇过正月到六月天不下雨，我在交泰殿前用席围墙，在里面虔诚祈祷三天三夜，即使盐酱小菜，也一点儿都没有吃。步行到天坛祈雨，去的时候天仍很晴朗，祈雨礼毕即将回去，即下细雨，等到走出天坛门，就大雨倾盆，农田尽沾雨泽了。今年还没有达到那时的天旱，而且我已经老了，不能像那时进行斋戒步行去祈雨。我自身确实不能做到，怎么能欺骗众人呢？这也是我生性不用虚假掩饰真情的一个方面。

五十二、孝道亦应顺理之自然，则有益于身

训曰：昔日太皇太后圣躬不豫[①]，朕侍汤药三十五昼夜，衣不解带，目不交睫，竭力尽心，惟恐圣祖母有所欲用而不能备。故凡坐卧所须以及饮食肴馔，无不备具，如糜粥之类，备有三十余品。其时圣祖母病势渐增，实不思食，有时故意索未备之品，不意随所欲用，一呼即至。圣祖母拊朕之背，垂泣赞叹曰："因我老病，汝日夜焦劳竭尽心思，诸凡服用以及饮食之类，无所不备。我实不思食，适所欲用不过借此支吾，安慰汝心，谁知汝皆先令备在彼。如此竭诚体贴，肫肫恳至[②]，孝之至也。惟愿天下后世，人人法皇帝如此大孝可也。"

训曰：人于凡事能顺理之自然，则于身有益。朕今年高，齿落殆半，诸凡食物虽不能嚼，然朕心所欲食者，则必烹烂或作醢酱以为下饭[③]，并无一念自怨衰老。有自幼随朕近侍，时常以齿落身衰不得食诸美味、行走之处不能及人为恨，每向人前诉苦。此皆由于见理未明，不能顺其自然之故也。朕鉴夫此，惟宽坦从容，以自颐养而已。

训曰：吾人年岁老而经事多，则自轻易不为人所诱。每见道士自夸修养得法，大言不惭，但多试几年，究竟如常人齿落须白，渐至老惫[④]。观此，凡世上之术士[⑤]，俱欺诳人而已矣，神仙岂降临尘世哉？又有一等术士，立地数十年或坐小屋几载，然

能久坐者不能久立，能久立者不能久坐。可知其所以能此，乃邪魅之术耳[⑥]。此皆朕历试之而知其妄者也。

训曰：凡事暂时易，久则难。故凡人有说奇异事者，朕则曰："且待日久再看。"朕自八岁登极，理万几五十余年，何事未经？虚诈之徒一时所行之事，日后丑态毕露者甚多。此等纤细之伪，朕亦不即宣出，日久令自败露。一时之诈，实无益也。

［注释］

①太皇太后：指康熙帝的祖母孝庄文皇后。蒙古博尔济吉特氏。原为皇太极永福宫庄妃。②肫（zhūn）肫：诚恳真挚的样子。③醢酱：用鱼肉等制成的酱。④老惫：年老体衰。⑤术士：指讲阴阳五行或道术的人。⑥邪魅：妖邪鬼怪的事。

［译文］

训教说：从前太皇太后身体有病，我亲侍汤药三十五个昼夜，衣服未脱，没有闭眼而睡，竭尽心力，只怕圣祖母有所想要的东西没有准备，所以凡坐和睡所需要的以及饮食饭菜，没有不准备齐全的，只糜粥一类就准备了三十余种。当时圣祖母病情逐步加重，实在不想吃饭，有时候故意索要一些未曾准备的东西，没有想到凡是她所想要的东西，一说要就拿来了。圣祖母抚着我的背，流着眼泪叹息说："因为我老了有病，你日夜焦虑操劳，费尽了心思，各种凡是我穿用的东西以及饮食之类，没有不准备的。我实在是不想吃东西，刚才所要的东西，不过是借此进行搪塞，来安慰你的心，谁知道你都先令人准备好了放在那里。这样竭尽诚心体贴，诚恳真挚到了极点，是孝顺至极了。只愿天下后世，人人都效法皇帝这样的大孝就好了。"

训教说：人对于一切事情能够遵循自然之道理，对于身体是有益的。我现在岁数大了，牙齿已经落了一半，凡是各种食物，虽然不能咀嚼，但凡是我想要吃的，就必定煮烂或者做成醢酱，用来下饭，并没有一丝念头怨恨自己衰老。有自幼跟随我的近侍，时常因掉牙衰老不能吃许多美味、行走之时比不上别人而抱怨，每每在人前诉苦。这都是由于对于道理不明，不能顺其自然的缘故。我有鉴于此，只有开朗平静从容自若，用来自我保养而已。

训教说：我们这些老年人经过的事情很多，自然轻易不会被人诱骗。我经常见到道士自夸自己修养得法，说大话一点儿也不惭愧，但多试验几年，终究却如同常人一样牙齿脱落，胡须变白，逐渐衰老疲惫。看来，凡是世间的术士，都是欺骗迷惑人而已，神仙怎么会降临到尘世呢？又有一种术士，能站立几十年，或坐在小屋里几年，但能长久坐的就不能久立，能长久站立的不能久坐。可知他们之所以能这样，只是一些妖邪鬼怪的方法罢了。这都是我多次试验而知道了他们的虚假。

训教说：凡事情做起来暂时容易，长久就难了。因此凡是有人说奇怪反常的事情，我便说："等待时间长了再看。"我自八岁做皇帝，处理繁杂政事五十余年，什么事情没有经历过？虚妄欺诈之人一时所行的事情，后来丑态暴露得很多。这些细小的造假，我也不即时宣布出去，时间久了让他自己失败暴露。一时的欺诈，实在没有好处。

五十三、算术与音律之学

训曰：尔等惟知朕算术之精[①]，却不知我学算之故。朕幼时，钦天监汉官与西洋人不睦[②]，互相参劾，几至大辟[③]。杨光先、汤若望于午门外九卿前当面赌测日影[④]，奈九卿中无一知其法者。朕思已不知，焉能断人之是非？因自愤而学焉。今凡入算之法，累辑成书，条分缕析，后之学此者视此甚易，谁知朕当日苦心研究之难也。

训曰：音律之学[5]，朕尝留心，爰知不制器无以审音，不准今无以考古。音由器发，律自数生。是故不得其数，律无自生；不考以律，音不得正。雅俗固分，而声协则一；器虽代革，而音调则同。故曰以六律正五音，今之乐由古之乐也。朕考核诸音律谱，按《性理》内《律吕新书》[6]，黄钟律分围径长短，准以古尺，损益相生十二律吕[7]，制为管而审其音。复以黄钟之积加分减分，制诸乐器而和其调。实以黍而数合，播诸乐而音谐。因著为书，辨其疑，阐其义。正律审音，和声定乐，条分缕析，一一详明。盖天地之元声[8]，亘古今而莫易，朕中外以大同，六合之内，四海之外，此音同、此理同也。百世之上，百世之下，此理同、此音同也。是故不知古乐而溺于今，非特不知古，并不知今也；必复古乐而不屑于今，非特不知今，终亦无从复古也。

训曰：声音之道，以和为本，故《书》曰："八音克谐，无相夺伦，神人以和。"[9]尝见近世之人，事儒学者，空谈理数，拘守旧闻，而于声字之义，鄙而不讲。工师则专肄声音[10]，熟谙字谱，而于音律之原茫然无知。殊不知工尺等字[11]，即宫商之省文也。工、凡、六、五、乙、上、尺七字，而五声二变亦七音[12]。工尺七字有出调，而五声二变亦旋宫[13]，旋宫则转调，而当二变者则出调。古圣立法，原自简易，而后之人反从难处探索奥理，却不知说愈繁而理愈晦。古之雅乐[14]，惟用五正声而间以二变，谓之七音。今之南曲亦止用五字[15]，而出调二字不用；北曲则杂以出调二字[16]，名曰北调。然则古乐今曲，何尝不以正变之声而为宫调之准则耶[17]？要之，乐以太和为本。是以古圣王惟得中声以定大乐，故与天地同和，荐之郊庙而鬼神享，奏之朝廷而人心、风俗以淳也。

[注释]

①算术：指推算历法之术。②钦天监：清代掌管天文历法的官署。③大辟：古代的死刑。④杨光先（1597—1669）：徽州歙县人，明末为新安所千户，顺治时居北京，屡次上疏指斥德国人钦天监监正汤若望的《时宪历》为荒谬，使汤若望下狱。康熙四年任钦天监监正，所制历书更为荒谬，旋被夺职。汤若望（1591—1666）：德国人，明末来华的耶稣会士。入清后曾任钦天监监正，屡为杨光先所劾。下狱后获释。日影：中国旧时以日影测定四季每日的时刻。即日晷仪。⑤音律：古代音乐。有五音六律，故名。五音指宫、商、角、徵、羽，相当于现在的音乐简谱1、2、3、5、6。六律指黄钟、太簇、姑洗、蕤宾、无射、夷则。律是定音高低、长短、清浊的乐器。⑥《律吕新书》：音乐论著。南宋理学家蔡元定所撰。⑦十二律吕：古代音乐有十二调，分阳律和阴律，阳律为黄钟、太簇、姑洗、蕤宾、无射、夷则。阴律曰吕，有大吕、夹钟、中吕、林钟、南吕、应钟。故称十二律吕。⑧元声：十二律吕中以黄钟发出的声音为基准音，故称元声。⑨"八音克谐"三句：语出《尚书·舜典》。意为：八种乐器发出的音调和谐，不互相干扰，神和人以此而和谐。八音，指金（钟）、石（磬）、土（埙）、革（鼓）、丝（琴瑟）、竹（箫管）、匏（笙）、木（柷敔）八种乐器。⑩工师：指乐师。⑪工尺：中国传统的乐谱法。即工、凡、六、五、乙、上、尺七字之省文。⑫七音：宫、商、角、徵、羽五音中宫声的变音称变宫，比原宫声稍高，徵的变声称变徵，比原徵声稍低，共为七音。相当于简谱的1、2、3、4、5、6、7七个音。⑬旋宫：古代以十二律与七声相配而成众调，称旋宫。旋是还之意。即可以轮回用宫调。⑭雅乐：古代帝王祭祀天地宗庙和朝会的正乐。⑮南曲：宋元以来南方戏曲、散曲所用各种曲调的总称。用韵以南方语言为准，分平、上、去、入四声。⑯北曲：宋元以来北方戏曲、散曲所用各种曲调的总称。用韵以《中原间韵》为准，无入声。⑰宫调：中国传统音乐的调式。以宫、商、角、变徵、徵、羽、变宫七声中任何一声为主音都可构成一种调式，以宫为主音的调式称宫调。

[译文]

训教说：你们只知道我精通推算历法之术，却不知道我学习算术之由来。我幼年时，钦天监的汉人官僚与西洋外国人不和睦，互相参奏弹劾对方，几乎达到死刑。杨光先和汤若望在午门外当朝廷九卿大臣之面赌测日影，怎奈九卿中没有一个人知道测量日影的方法。我想自己不知道怎么算，怎么能断别人的是非？因此我就发愤学习它。当今凡是进行推算的方法，多次编辑成书，各种条理分析明白，以后学习历法的人看起来很容易，谁知道我当初苦心研究它的困难啊。

训教说：音乐这门学问，我曾经留心过，才知道不制乐器就无从定音，不度量今天就无法考察古代。音是由乐器发出来的，律管是由度数产生的。因此不了解度数，律管不能自生；不考察律管，音就达不到正。雅俗本有分别，而声音协和则是一样的；乐器虽各代有所变革，而音调则是相同的。因此说用六律管校正五音，当今的乐是由古乐而来的。我考核各种音律谱，考察《性理大全》内《律吕新书》，黄钟律管分围径长短，根据古尺增减法相生十二律吕，制成律管而审定音乐。再以黄钟之积加分或减分，制成各种乐器来调和声调。实际用黍（之长短）按数量和乐器的长度相合，演奏诸乐而音调协调。根据这些著作成书，辨别其疑惑，阐明其意义，校正律管审定声音，和谐声音以定音乐，逐条进行分析，每一件都很详细明白。大概天地间的元声（元音）从古到今不能改变，联系中外之大体相同，六合之内，四海之外，这个音相同，这个道理也相同。百世以前，百世以后，这个道理相同，这个音也相同。因此不知道古乐而耽溺于今乐，不但是不知古，同时也是不知今。一定要恢复古乐而瞧不起今乐，不但是不知今乐，最终也无从恢复古乐。

训教说：声音的道理，以和谐为根本，所以《尚书》说：“八种乐器发出的声音能够和谐，不互相干扰，神和人以此而和谐。”曾见近世的人，学儒的人空谈道理方法，拘泥于旧的传闻，对于声律的字义，蔑视而不讲究。乐师则专习声音，熟悉乐谱，对于音律的根源，却毫无所知。岂不知“工”、“尺”等字，即宫、商、角、徵、羽的省文。“工”、“凡”、“六”、“五”、“乙”、“上”、“尺”七个字，即宫、商、角、徵、羽五声，变宫、变徵二变成七音。“工”、“尺”七个字有出调，五声二变即旋宫，旋宫即转换音调，而当二变则出调。古代圣人立法，原来很简易，而后代人反而从难处探寻深理，却不知说法愈繁而道理愈不明。古代的雅乐，只有用五个纯正的音而杂以变宫、变徵，叫作七音。当今的南曲也只用宫、商、角、徵、羽五字，而出调变宫、变徵不用。北曲则杂以出调变宫、变徵二字，叫作北调。既然如此，古乐今曲何尝不是以正音二变之声为宫调的准则呢？总之，音乐以阴阳二气和谐为根本。所以古圣先王只有以切中声律来确定大乐，故而可与天地同和谐，祭祀郊庙而鬼神来享，奏献在朝廷而人心风俗也就淳厚了。

五十四、物各遂其性，虽禽兽亦如其本地之生育

训曰：今者各国海外诸物毕至，珍禽奇兽，耳之所未闻、书传之所记者，皆得见之，且畜养而孳生者亦有之。即此观之，凡物各遂其性，虽禽兽亦如其本地之生育焉。汝等如此少年，甚至于孩提之童，遽能见此各种禽兽，岂可易视也与？

训曰：产狮之西洋国极远，即彼处亦难得之，得则进贡中国。今西洋国进贡之狮，朕心以为无甚奇处，但念彼自极远处进奉，嘉其诚心，不便发回，所以收养耳。朕不好奇物也。

训教曰：古史书载：出宫女三千，以为大德。明时宫女至数千，脂粉钱至百万。今朕宫中计使女恰才三百，况朕未近使之宫女，年近三十者，即出与其父母，令婚配。汝等皆系朕子，如此等处，宜效法行之。

训曰：满洲人最忌令人扶掖[①]，是故朕至如是之年，尚且不令人扶掖，不持拄杖；坐起时，人但少助而已，一立即不用扶矣，闲坐亦不凭倚。今之少年令人扶掖，两手挽臂，观之甚是可厌。既无病，又无故，如此举动，诚为怪异，亦特无福之态耳。又一等人，年纪不相称，即用拄杖，复何心哉？此等处朕实不解，尔等仍当以我朝前辈所忌讳处戒之可也。

训曰：古昔征战，尝用弩箭[②]，至我朝时，弓矢甚利，故弃弩箭而不用。今苗蛮人尚用弩箭者，彼处尽大山深涧，伊等鸟枪少而弓矢又不能远射，故仍用弩箭。朕近日制弩试之，所至固远，然不得准，贯革力亦微[③]，上弩而又加箭，亦不甚便。但平日作玩具可耳，实在应用之处，则不可恃。如我朝之弓矢，连射不误，贯革力大，迎敌者如何对立？是故自古以来，各种兵器能如我朝之弓矢者，断未之有也。

［注释］

①扶掖：让人搀扶。②弩箭：一种用机械力发射的弓箭。③贯革力：即穿透甲胄的力量。

［译文］

训教说：现在许多海外的东西纷纷涌入中国，珍贵的飞禽、奇异的野兽，从来没有听过的，书传上所记载的，都能看到了。甚至进行畜养而繁殖者也有之。由此看来，凡事物各自应该顺应它们的本性，即使是禽兽也像在本地生活一样繁殖。你们这些少年，甚至于两三岁的小孩，就能看到这种种禽兽，怎能轻易看待呢？

训教说：产狮子的西洋国距离极远，就是在西洋国那里也是极难得到的，得到就进贡中国。现在西洋国进贡的狮子，我心里认为并没有什么奇异之处，只是考虑到他们从极远处进奉而来，为了赞许他们的诚心，不好退回去，所以收养下来了。我不喜好这些奇物。

训教说：古史书记载：放出宫女三千，就以为是大德行。明朝时宫女有数千人，擦抹的脂粉钱达百万。我今宫中共计使唤的宫女才三百人，况且我没有直接使唤的宫女，年近三十者，就放出给她们的父母，让她们结婚嫁人。你们都是我的儿子，像这些事情，应当效法去实行。

训教说：满洲人最讨厌让人搀扶，所以我到这个年纪，也不让人搀扶，不拄拐杖。坐着起来时，别人稍稍帮助一下而已，一站起来就不用人扶了，闲坐着也不依靠什么东西。现在的少年人反而让人搀扶，两只手搀着臂膀，看起来实在令人讨厌。既没有病，又没什么缘故，这种举动实在让人觉得奇怪，也是没有福气的一种样子。又有一种人，年纪还不大，就拄着拐杖，这又是什么心思呢？这些做法，我实在不理解，你们仍应当把我朝前辈所忌讳的事予以戒除才行。

训教说：古时候打仗，曾经使用弩箭，到我朝时弓箭很是锐利，便放弃弩箭而不用了。今天苗族人还有用弩箭的，他们处在大山深沟中，他们鸟枪少，而弓箭又不能射得很远，所以仍然用弩箭。我近来造了弩箭试了一下，射得虽很远，但射得不准，穿透甲胄的力量也很小。在弩上又加上箭，也不甚方便，只在平日当作玩具还可以，实在应用之处，不可依赖。像我朝的弓箭，连续发射不会错失目标，穿透甲胄的力量也很大，对面的敌人怎么能够抗拒？因此，自古以来，各种兵器能像我朝弓箭的，断然是没有的。

五十五、五谷熟而民人育，奈何贵金玉而不知重五谷

训曰：古之圣人，平水土，教稼穑，辨其所宜，导民耕种而

五谷成熟。孟子曰："五谷熟而民人育。"[①]则人之赖于五谷者甚重。尝思夫天地之生成，农民之力作，风雷雨露之长养，耕耘收获之勤劳，五谷之熟，岂易易耶？《礼·月令》曰："天子乃以元日祈谷于上帝。"[②]凡为民生粒食计者至切矣。而人何得而轻亵之乎？奈何世之人惟知贵金玉而不知重五谷，或狼藉于场圃，或委弃于道路，甚至有污秽于粪土者，轻亵如此，岂所以敬天乎？夫歉岁谷少，固当珍重；而稔岁谷多，尤当爱惜。《诗》曰："粒我蒸民，莫匪尔极。贻我来牟，帝命率育。"[③]噫嘻重哉！

训曰：每岁自南方漕运米粮一石[④]，费银数两，盖因地远难致之故。不肖兵丁不知运粮之艰，既得粮米，因暂时有余，遂卖银钱以供几次饱餐醉饮，及米不继之时，妻子又皆不免饥饿。此等处朕知之甚悉，故放米之时，屡降严旨于管辖人等，严禁奢费与卖米者，特为兵丁之生计也。无知之人以兵丁卖米为小事，不知米者养人之本，为人上者不留心省察可乎？

训曰：世之财物，天地所生，以养人者有限。人若节用，自可有余。奢用，则顷刻尽耳，何处得增益耶？朕为帝王，何等物不可用？然而朕之衣食毫无过费，所以然者，特为天地所生有限之财而惜之也。

训曰：凡人处世，有政事者，政事为务；有家计者，家计为务；有经营者，经营为务；有农业者，农业为务；而读书者，读书为务；即无事务者，亦当以一艺、一业而消遣岁月。奈何好赌博之人，身家不计，性命不顾，愚痴如是之甚。假赌博之名，以攘人财[⑤]，与盗无异，利人之失，以为己得。始而贪人所有，陷入坑阱；既而吝惜情生，妄想复本，苦恋局内，囊罄产尽，以致无食无居，荡家败业。虽密友至戚，一入赌场，顷刻反颜[⑥]，一钱得失，怒詈旋兴，雅道俱伤，结怨结仇，莫此为甚。且好赌博者，名利两失，齿虽少，人即料其无成，家正殷，人决知其必败，沉溺不返，污下同群⑦，骨肉轻贱，亲朋笑耻，种种败害相因而起，果何乐何利而为之哉？朕是以严赌博之禁，凡有犯者必加倍治罪，断不轻恕。

[注释]

①五谷熟而民人育：语出《孟子·滕文公上》。意为：五谷成熟了人民便会得到养育。②天子乃以元日祈谷于上帝：语出《礼记·月令》。元日，指吉日，一般指正月初一。而祈谷礼多在正月上旬的辛日。③“粒我蒸民”四句：语出《诗经·周颂·思文》。意为：种粮食养活了众民，没有人不受你给的最大恩德。赐给我大麦小麦，上帝用它来养育人民。④石（dàn）：量词，容量十斗为一石。一百二十斤一石。⑤攘：侵夺，偷盗，窃取。⑥反颜：翻脸。⑦污下同群：同卑下的人为伍。

[译文]

训教说：古代圣人，平整水土，教导老百姓耕种收获，辨别什么样的土地适宜耕种，率领人民耕种而使五谷成熟。孟子说：“五谷成熟了人民便会得到养育。”可见人民依赖五谷的程度之重。我曾考虑天地的生长发育，农民的努力耕作，风雷雨露之助长滋养，耕地除草收获的辛劳，五谷的成熟，难道是容易的吗？《礼记·月令》说：“天子要在正月吉日祈祷谷物于上帝。”这是为老百姓生计以谷物为食，用心是很恳切了，而人们怎么能轻易亵渎它呢？为什么世上的人只知道看重金玉而不知看重五谷，有人把它胡乱抛置于场园，或丢弃在道路，甚至有的任它污秽于粪土之中，轻贱亵渎如此，难道这就是敬天吗？在歉收年份粮食少，本来就应当珍重；而丰收年粮食多，更当爱惜。《诗经》说：“种粮食养活了众民，没有人不受你给的最大恩德。赐给我大麦小麦，上帝用它来养育人民。”唉，谷物多重要啊！

训教说：每年从南方由运河运来粮米一石需花费银数两，乃是因为地方远，难以达到的原因。一些没出息的兵丁不知道运粮的艰难，分到粮米之后，因为暂时还有剩余，就卖成银钱，用来供自己几次饱餐醉饮，等到粮米供不上的时候，妻子儿女又不免跟着挨饿。这些情况我知道得很清楚，所以放米之时，多次严格命令管辖的人员，严禁奢侈浪费和卖米的行为，是特别为兵丁的生计着想。无知之人把兵丁卖米看成小事，不知道粮米是养活人的根本，作为治理人民的人不留心考虑审察行吗？

训教说：世间的财富资源，是由天地产生的，用来养活人的资源有限。人如果能节约财用，自然会有剩余，奢侈浪费一下子就用完了，又从哪里得到补充呢？我作为帝王，什么东西不可用？但是我的衣食丝毫没有过多浪费，之所以这样做，是因为天地所生成的财用有限而珍惜的原因。

训教说：凡人活在世上，有政治事务的，便以政治事务为事业；有家庭生计的，就以家庭生计为事业；有经商的，就以经商为事业；有从事农业的，即以从事农业为事业；而读书人就应该以读书为事业；即使是没有事业的，也应当以某种技艺来消遣岁月。为什么好赌博的人自身家庭都不考虑，甚至性命也不怜惜，愚昧痴迷到了这种程度！假借赌博的名义，侵夺他人财物，与盗贼没有区别。利用别人的错失，以为自己所得，开始时贪图别人的钱财，陷入陷阱，接着吝惜自己输掉的钱，妄想捞回来，苦苦迷恋在赌局之中，口袋空了，家产完了，以至于没有饭吃、没有房屋居住，倾家荡产，败坏事业。即使是亲密的朋友和最亲的亲戚，一进入赌场，立刻翻脸，因为一个钱的得失，怒骂即起，人情体面都受到伤害，互相结下冤仇，没有比这个更厉害的。并且爱好赌博的人，名誉财产都失掉了，即使年龄小，人们也料他不会成材。家庭殷实富有，人们也知道他必定破败。沉溺在赌博之中而不知返回，和下流人鬼混，为至亲骨肉轻视，为亲戚朋友耻笑，种种破败害处，一个跟着一个，随之而来，果真有何快乐、何种利益要去做呢？因此我严格禁止赌博，凡有违反的必定加倍治罪，决不轻饶。

五十六、“富贵不能淫，贫贱不能移”乃圣贤立志之根本

训曰：人承祖父之遗，衣食无缺，此为大幸，便当读书乐志，安分修为。若家贫，亦惟勤学力行，为乡党所重。孔子曰：“素富贵，行乎富贵；素贫贱，行乎贫贱。”[①]孟子曰：“富贵不能淫，贫贱不能移。”[②]此是圣贤立志之根本，操存之要道也[③]。

训曰：朕因大庆之年，特集勋旧与众老臣，赐以筵宴，使宗室子孙进馔奉觞者[④]，乃朕之所以尊高年而冀福泽之及于宗族子孙也。观朕之君臣，如此须鬓皆白数百人坐于一处饮食筵宴，其吉祥喜庆之气洋溢于殿庭中矣。且年高之人，多自伤自叹，今荷朕恩礼，归家各以告其子孙，借此快乐以益寿考，即养生之道也。

训曰：朕自幼所读之书，所办之事，至今不忘。今虽年迈，记性仍然，此皆素日心内清明之所致也。人能清心寡欲，不惟少忘，且病亦鲜也。

训曰：凡书生颂扬君上，或吟咏诗赋，欲称其善，必先举人之短，而后方颂言之，每以媲三皇、迈五帝、超越百王为言，此岂非太过乎？诗中有云：“欲笑周文歌宴镐[⑤]，还轻汉武乐横汾[⑥]。”譬之欲言此人之善，必先指他人之恶。朕意不然。彼亦善而我亦善，岂不美哉！总之，欲言人之善，但言某人之善而已，何必及他人之恶？是皆由度量窄狭而心不能平也。朕深不然之。

训曰：朱子云：“大率古人作诗与今人一般，其间亦自有感物道情、吟咏性情，几时尽是讥刺他人？只缘序者立例，篇篇作

美刺说⑦，将诗人意思尽穿凿坏矣。即如唐人工于诗者应制赋诗⑧，后人解之，以为讥刺朝廷，其于前人不太冤耶?”朱子此言最公，深得诗人之意。

训曰：唐人诗，命意高远，用事清新，吟咏再三，意味不穷。近代人，诗虽工，然英华外露，终乏唐人深厚雄浑之气。

［注释］

①“素富贵”四句：语出《中庸》。意为：处于富贵的地位，就按富贵之道行事；处于贫贱的地位，就按贫贱之道行事。②“富贵不能淫”二句：语出《孟子·滕文公下》。意为：富贵不能扰乱我的心意，贫贱不能改变我的志气。③操存：执持心志，不使丧失。语出《孟子·告子上》：“孔子曰：‘操则存，舍则亡’。”抓住它就存在，放弃它就亡失。④宗室子孙：指清代皇室子孙，即爱新觉罗家族子弟。⑤宴镐：指周文王（实为武王）宴群臣于镐京。⑥横汾：指汉武帝巡行河东郡，在汾水楼与群臣饮宴，汉武帝自作《秋风辞》曰：“泛楼船兮济汾河，横中流兮扬素波。”（《古诗源》卷二）后即以“横汾”为典，进行称颂。⑦美刺：称颂和讽刺。⑧应制赋诗：指诗人应帝王之命所赋之诗。内容多是歌功颂德。

［译文］

训教说：人继承祖先和父辈的遗产，衣食无缺，这是最大的幸福，就应当勤奋读书，乐于追求自己的志向，安分修身做事。如果家境贫寒，也只有勤奋学习，努力做人，为乡里人所敬重。孔子说：“身处富贵的地位，就应按富贵之道行事；身处贫贱的地位，就应按贫贱之道行事。”孟子说：“富贵不能扰乱我的心，贫贱不能改变我的志向。”这是圣贤立志的根本，是执持心志不使丧失的重要方法。

训教说：我因大庆贺之年，特意召集有功勋的旧臣和众多老臣，赐给他们酒宴，让皇室子孙进奉酒食，目的是用这种方式表示尊敬老年人而希望福泽延及皇室子孙啊。看到我们君臣，这样胡须鬓角都白了，几百人坐在一起，饮食设宴，那种吉祥喜庆的气氛，洋溢在宫殿之中。况且年纪大的人，大多自己感伤叹息，今天受到我的恩惠礼遇，回家告诉他的子孙，借此快乐以增加自己的寿命，这就是养生之道。

训教说：我自幼所读过的书，所做的事情，到现在都没有忘记。如今虽然年纪大了，记性仍和从前一样。这都是我平素内心清明的缘故所致。人要是能清心寡欲，不仅少忘记事情，而且也很少生病。

训教说：凡是书生称颂赞扬君主，或者吟诗作赋，想称颂君主的好，必先举出别人的缺点，然后才进行歌颂。每每以媲美三皇、远过五帝、超越百代帝王为说，这不是太过分了吗？诗中有说："我想笑周文王在镐京饮宴群臣，还想轻视汉武帝在汾河游乐。"譬如想说这个人的好，必先指出别人的坏。我的想法不是这样。他也好而我也好，难道不是很美吗！总之，想说一个人的好，只是说他好就可以了，何必要涉及他人的恶呢？这都是由于度量狭窄，而胸怀不能平和的原因。我深深不以为然。

训教说：朱子说："大概古人作诗，和现在人差不多。其中也有触及事物而抒发自己情感吟唱性情的，何时都是讽刺别人的呢？只是由于作序的人立下例子，每篇都是称善讽恶，把诗人意思全都牵强附会坏了。即如唐朝善于写诗的人，应帝王之命作的诗赋，后人解释时，都以为是讽刺朝廷，这对于前人不是太冤枉了吗？"朱子这些话最公道，很了解诗人的本意。

训教说：唐代人的诗立意高远，引用典故清新，反复吟咏，意味长远。近代人写诗文句虽很工整，然而过于张扬，终久缺乏唐人含蓄浑厚的气质。

五十七、老年戒之在得

训曰：孔子云："君子有三戒：少之时血气未定，戒之在色；及其壮也，血气方刚，戒之在斗；及其老也，血气既衰，戒之在得。”[①]朕今年高，戒色、戒斗之时已过，惟或贪得，是所当戒。朕为人君，何所用而不得，何所取而不能，尚有贪得之理乎？万一有此等处，亦当以圣人之言为戒。尔等血气方刚者，亦有血气未定者，当以圣人所戒之语，各存诸心而深以为戒也。

训曰：孔子云：“民可使由之，不可使知之。”[②]诚为政之至要。朕居位六十余年，何政未行？看来凡有益于人之事，我知之确，即当行之。在彼小人，惟知目前侥幸而不念日后久远之计也。凡圣人一言一语，皆至道存焉。

训曰：盛京年例[③]，俱系步围[④]。朕初次至盛京时，行围不远[⑤]，即连见两三虎步行，人有被爪伤者，虽不致命，实视之不忍。本处将军、都统目为寻常[⑥]。朕遂深责之曰：“田猎原为游豫，今目睹伤人若是，何以猎为？今后步围永行禁之。”自是年至今已四十余年矣，不然被伤者何所底止？此四十余年所生全者岂少哉！

［注释］

①“君子有三戒”九句：语出《论语·季氏》。意为：君子有三种禁戒：少年时，血气没有稳定，戒贪恋女色；到了壮年，血气正当旺盛，戒逞强好斗；到了老年，血气已经衰弱，戒贪得。②“民可使由之”二句：语出《论语·泰伯》。意为：对于一般民众可以使他们知道怎样去做，不可以使他们知道为什么那样去做。③盛京：指今沈阳。清入关前曾都沈阳，称盛京。入关后都北京，盛京称留都。④步围：徒步围猎。⑤行围：围猎时围而不合。⑥将军：清代驻防各地的八旗军事长官。都统：八旗中每旗的最高长官，入关前称固山额真，入关后在各地的驻防将军亦以都统充任。

［译文］

训教说：孔子说：“君子有三种禁戒，少年时血气没有稳定，戒贪恋女色；到了壮年，血气正当旺盛，戒逞强好斗；到了老年，血气已经衰弱，戒贪得。”我现在年纪老了，戒色、戒斗的时候已经过去，只有贪得，是应当戒除的。我作为人们的君主，有什么想用而得不到的，有什么想取不能取的，还有贪得的道理吗？万一有这等贪念，也应当以圣人的话为禁戒。你们有的血气正当旺盛，有的血气没有稳定，应当把圣人告诫的话记在心里，深深引以为戒。

训教说：孔子说：“对于一般民众可以使他们知道怎样去做，不可使他们知道为什么那样去做。”这实在是治理天下最重要的道理。我在位六十余年，何种政事没有行过？看来凡是有益于人的事，我知道得很明确，就去实行。那些目光短浅的人，只知道眼前侥幸的利益，而不考虑日后的长久之计。凡是圣人的一言一语，都有最根本的道理在那里面。

训教说：盛京每年都按照惯例，实行徒步围猎。我初次到盛京时，离围场不远，就接连看到两三只老虎，步行围猎的人有被老虎抓伤的，虽然不致伤命，看着实在很不忍心。这里的将军、都统都把这看成平常的事，我便深深地责备他们说：“围猎原本是为了娱乐，今天看到老虎伤人到如此地步，还打猎干什么？今后徒步围猎永远禁止。”从那年到现在已经四十多年了，要不然被老虎伤害的事何时才能停止？这四十余年，所保全生命的人难道还少吗！

五十八、人有病请医疗治，必以病之始末详告

训曰：人有病请医疗治，必以病之始末详告，医者乃可意会，而治之亦易。往往有人不以病源告之，反试医人之能识其病与否，以为论难[①]，则是自误其身矣。又病各不同，有一二剂药即瘳者[②]；亦有一二剂药不能即瘳者。若急望效，以一二剂药不见病减，频换医人，乃自损其身也。凡人皆宜记此。

训曰：古人有言："不药得中医。"[③]非谓病不用药也，恐其误投耳。盖脉理至微[④]，医理至深。古之医圣、医贤，无理不阐，无书不备，天良在念，济世存心，不务声名，不计货利，自然审究详明，推寻备细，立方切症[⑤]，用药通神。今之医生，若肯以应酬之工用于诵读之际，推求奥妙，研究深微，审医案[⑥]，推脉理，治人之病如己之病，不务名利，不分贵贱，则临症必有一番心思，用药必有一番识见，施而必应，感而遂通，鲜有不能取效者矣。延医者慎之。

训曰：医药之系于人也大矣！古人立方，各有定见，必先洞察病源，方可对症施治。近世之人，多有自称家传妙方，可治某病；病家草率，遂求而服之，往往药不对症，以致误事不小。又常见药微如粟粒，而力等大剂[⑦]，此等非金石之酷烈，即草木中之大毒。若或药投其症，服之可已；万一不投，不惟不能治病，而反受其害，其误人也可胜言哉！故孔子曰："某未达，不敢尝。"[⑧]正为此也。

训曰：灸病者非美事，而身亦徒苦。朕年少时常灸病，厥后受亏，即艾味亦恶闻矣，闻即头痛。徒灸无益，尔等切记，勿轻于灸病也。

[注释]

①论难：论辩责问、诘难。②瘳（chōu）：病愈。③不药得中医：不用药才符合医理。指慎重用药。④脉理：中医诊脉而知病情。⑤立方：开药方。⑥医案：病情的记录。⑦力等大剂：药力和大剂量的药相等。⑧某未达，不敢尝：语出《论语·乡党》。意为：我对这药性不了解，不敢服用。

[译文]

训教说：人生了病，请医生治疗，一定要把病情始末详细告诉医生，医生便可以了解病情，治疗就很容易。往往有些人不把病因告诉医生，反而试验医生能不能认识他的病情，用来难为医生，实际是自误自身。又因为病各不相同，有一两剂药就能治好的，也有一两剂药不能治好的。若急于见效果，以一两剂药不见病情减轻，频繁换大夫，这乃是自己损害自身。每个人都要记住这些。

训教说：古人有这样的话："不用药才符合医理。"并不是说治病不用吃药，是恐怕错用了。因为脉搏的症状很细微，医药的理论很深。古代的医圣医贤，各种医理无不阐明，各种医书无不准备，天理良心在心中，存心救济世人不追求声名，不计较财利，自然详细审察明了，推寻细微，开出的药方切合病情，用药达到神奇。当今的医生若肯把应酬的工夫用在熟读医书，探求医理的奥妙道理，研究深入而细微，详察过去的病情记录，探寻脉理，治别人的病如同治自己的病，不追求名利，不分病人的贵贱，那么到治病时必有一番考虑，用药时必能正确判断，用药必有效应，所感必定可通，很少有不能治好的病。请医生治病的人应当谨慎。

训教说：医药对于人来说关系非常重大！古代医生开医方，各有各的一定见解，必定先要清楚病根，才可以对症进行治疗。现代的人多有自称是家传妙方，可以治某种病的；患病的人草率，于是便求来服用，往往这药不对这症，以致耽误事情非小。又曾见到有的药小得如同粟粒，但药力却和大剂一样，这等药如果不像金石那样酷烈，也是草木中的大毒物。若是这药能符合病症，服之还可以；万一不符合病症，不但不能治病，反而会受害，这种药的误人能够用言语表达吗！因此孔子说："我对这药性不了解，不敢服用。"正是因为这个缘故。

训教说：用艾灸病并不是好事，而且身体白白受苦。我年轻时曾用艾灸病，其后身体受到亏损。对艾味也很厌恶，一闻到就头疼。用灸治病徒然无益，你们要牢牢记住，不要轻易用灸治病。

五十九、大概书法，心正则笔正

训曰：书法为六艺之一[①]，而游艺为圣学之成功[②]，以其为心体所寓也。朕自幼嗜书法，凡见古人墨迹，必临一过。所临之条幅、手卷，将及万余，赏赐人者不下数千。天下有名庙宇禅林[③]，无一处无朕御书匾额，约计其数，亦有千余。大概书法，心正则笔正[④]，书大字如小字。此正古人所谓心正气和，掌虚指实，得之于心而应之于手也。

训曰：善书法者虽多出天性，大半尤恃勤学。朕自幼好书，今年老，虽极匆忙时，必书几行字，一日亦未间断，是故犹未至于荒废。人勤习一事，则身增一艺，若荒疏即废弃也。

训曰：凡人彼此取与，在所不免。人之生辰，或遇吉事，与之以物，必择其人所需用，或其平日所好之物赠之，始足以尽我之心。不然，但以人与我何物，而我亦以其物报之，是彼此易物名而已矣，毫无实意。此等处凡人皆宜留心。

训曰：孟子云："或劳心，或劳力。劳心者治人，劳力者治于人。"[⑤]朕即位多年，虽一时一刻，此心不放。为人君者但能为天下民生忧心，则天自佑之。

训曰：朱子云："圣贤立言，本自平易，而平易之中其旨无穷。"今必推之使高，凿之使深，是未必真能高深而已，离其本指，丧其平易无穷之味矣。此最要处也。自汉以来，儒者世出，将圣人经书多般讲解，愈解而愈难解矣。至宋时，朱子辈注四书、五经[⑥]，发出一定不易之理，故便于后人。朱子辈有功于圣人经书者可谓大矣！是以朕训尔等但以经书为要者，亦此故也。

训曰：凡人学艺，即如百工习业，必始于易，而步步循序渐进焉，心志不可急遽也。《中庸》云："譬如行远，必自迩；譬如登高，必自卑。"人之学艺，亦当以此言为训也。

训曰：《书》云："同律度量衡。"[⑦]《论语》曰："谨权量。"盖为禁贪风，除欺诈，所以平物价而一人情也。今市廛之上、间阎之中[⑧]，日用最切者，无过于丈尺升斗平法。其间长短、大小，亦或有不同，而要皆以部颁度量衡法为准。通融合算，均归画一，则不同而实同也。盖以大同者定制度，而随俗者便民情，斯为善政。自上古以迄于今几千百年，度量权衡改易非一⑨。苟一旦必欲强而同之，非惟无益于民生，抑且有妨于治道，此又不可不留心讲究者也。

[注释]

①六艺：指礼、乐、射、御、书、数六种技艺。礼指礼仪，乐指音乐，射指射箭，御指驾车，书指书法，数指算术、数术。②游艺：置身于六艺之中的活动。③禅林：佛教僧众聚居的山林寺院。④心正则笔正：旧时论书法优劣与书者的品性有关。语出《新唐书·柳公权传》。⑤“或劳心”四句：语出《孟子·滕文公上》。意为：有些人劳动心力，有些人劳动体力，劳动心力的人管理别人，劳动体力的人受别人管理。⑥四书、五经：四书指《大学》、《中庸》、《论语》、《孟子》。五经指《诗经》、《尚书》、《易经》、《礼记》、《春秋》。⑦同律度量衡：语出《尚书·舜典》。即统一音律、度、量、衡。同，统一。律，音律。度，丈尺长度。量，量器斗斛。衡，斤两。⑧市：集市。廛（chán）：市场上储存货物的房舍。闾阎：指里巷。闾，里门。阎，里中门。⑨权衡：指称量事物轻重的工具。权，秤锤。衡，秤杆。

[译文]

训教说：书法是六艺之一，而六艺修养是圣人之学的成功，因为它能使人把身心寄托在那里。我从小爱好书法，只要见到古人的字迹必定临摹一遍。我所临摹的条幅、手卷已经有一万多件了，赏赐给人的也不下数千，天下有名的庙宇寺院，无一处没有我书写的匾额，估计其数，也有一千多了。大概练习书法，心正则笔正，写大字如同写小字一样。这正是古人所说的心正则气和，掌心空虚而手指力实，得来之于心，而使之于手也。

训教说：擅长书法的人，虽然多出于天赋，大多数还是依赖于勤习。我自幼喜欢书法，今已老年，虽然在极匆忙的时候，必定要写几行字，一天也没有间断，因此还没有荒废。人勤于练习一件事情，身体就增加一种技能，如果久不练习就废弃了。

训教说：凡人来往，彼此或取或与，是很难免的。人的生日时辰，或碰上吉事，送给他礼物，必须选择他所需要的，或者是他平日所喜好的物品赠送他，这才足以表达我的心意。不然，只以他人送我什么东西，而我也以什么东西回报，这只是彼此交换物品而已，毫无实际意义。这些地方每个人都应当留心。

训教说：孟子说："有些人劳动心力，有些人劳动体力。劳动心力的人管理别人，劳动体力的人被别人管理。"我即皇帝位多年，每时每刻，这种用心都不放松。作为人们君主的只要能够为天下老百姓的生计忧心，上天自会保佑他。

训教说：朱子说："圣贤立言，本来是平常易懂的，而在平常易懂之中，意义却无穷。"今天必定要把它推向很高，穿凿很深，这样未必能真正达到高深，反而脱离了本来的意义，丧失了平常易懂的意味了。这是最重要的地方。从汉代以来，儒者相继出现，将圣人的经书多次解释，愈解却令人愈难以了解了。到了宋代，朱熹那些学者注解四书、五经，发出了一定不可变的道理，所以方便于后人学习。朱熹那些学者对圣人经书的功绩可以说是很大的了！因此我教训你们要以研读经书为要者，也就是这个原因。

训教说：每一个人学习技艺，就如同各行业的人学习自己的业务，必须从简易开始，然后一步一步循序渐进，心里不要过于急迫。《中庸》说："譬如走远路，必从近处开始；譬如要登高山，必从低处开始。"人们学习技艺，也当以这些话为教训。

训教说：《尚书》说："统一音律度量衡。"《论语》说："检验并审定度量衡。"这是为了禁止贪风、消除欺诈行为，用来均平物价而统一人情的。当今市场店铺密集的地方，里巷之中，日用最迫切的，没有超过丈尺升斗以及均平的方法的，其中丈尺升斗的长短大小，或者有些不同，但是重要的是都以户部颁布的度量衡法为准。变通计算，所有的都归一致，表面不同而实际是相同的，这乃是以大的相同来定制度，而且随习俗以方便民情，这才是善政。从上古直到现在，几千几百年，度量衡的改变并非一次，如果有朝一日一定要强使其同一，不但对老百姓没有好处，而且妨害治理国家，这又是不可不注意研究的。

六十、选日必当选时，吉日不如吉时

训曰：吉、凶、军、宾、嘉五礼之期[①]，必选择日、时者，乃古人趋吉避凶之义。《诗》曰：“吉日惟戊，吉日庚午。”[②]《礼》曰：“外事用刚日，内事用柔日。”[③]朱子注《孟子》曰：“天时者，时、日、支、干、孤虚、王相之属也。”[④]要以五行之生克为用，干支之刑冲会合为断耳[⑤]。世俗相沿已久，而吉凶之理推原于《易》。是故我等尊贵之人，凡有出行移徙之类，自宜选择日、时。然而既用选择之日，则尤当用其选择之时。甚无以日之吉而忽于时之吉也。选择家云：“选日必当选时，吉日不如吉时。”正谓此也。

训曰：《论语》云：“子贡问为仁。子曰：‘工欲善其事，必先利其器。’”[⑥]此言实为学制事之要也。即如今之读书人，欲应试也，必平日所学渊深，所记广博，自然写得出。凡遇一事，经历多者，按则例而理之，则失者少。此即器利而事自善之理也。

训曰：朕今年近七十，常见一家祖父子孙凡四五世者。大抵家世孝敬，其子孙必获富贵，长享吉庆；彼行恶者，子孙或穷败不堪，或不肖而陷于罪戾，以致凶事牵连。如此等朕所见多矣。由此观之，惟善可遗福于子孙也。

训曰：朕于各处行伍中效力行走之人[⑦]，时常唤来与之谈论者，盖因我朝太平已久，今之少年于行兵之道未尝经历，若问此等行军之旧人，则功臣之子孙得闻伊祖父效力行走之处，亦欢喜鼓舞，循其祖父之迹而黾勉力行之也。

［注释］

①五礼：古代祭祀的事为吉礼，丧祭为凶礼，军旅事为军礼，招待宾客为宾礼，冠婚为嘉礼。②“吉日惟戊”二句：语出《诗经·小雅·吉日》。古代人迷信，附会阴阳相生相克的说法，择日行事，谓十日中有五刚五柔，即五阴五阳，以甲、丙、戊、庚、壬单日五日为刚日（阳），乙、丁、己、辛、癸五日双日为柔日（阴）。即“吉祥的日子是初五”，“吉祥的日子是初七”。③“外事用刚日”二句：语出《礼记·表记》。即“外事用单日，内事用双日”。外事指郊外祭祀山川，内事指郊内之事。④“天时者”二句：语出朱熹《四书集注·孟子·公孙丑下》。古代以干支纪日、纪月、纪年。古时占卜推算日时，天干为日，地支为辰。日辰不全，为孤虚，占卜时得孤虚，主事不成。王相，亦占卜用语。⑤刑冲：星相用语。刑，相杀之意。相忌曰冲，如子午、丑未相冲。⑥“子贡问为仁”四句：语出《论语·卫灵公》。意为：子贡问修养仁德，孔子说，工匠要想做好他的事，必先要把他的工具磨利。⑦行（háng）伍：古代军队编制，五人为伍，二十五人为行，故行伍泛指军队或士兵。

［译文］

训教说：举行吉、凶、军、宾、嘉五礼时，一定要选择吉日、吉时，这是古人寻求吉祥躲避凶恶的用意。《诗经》说：“吉祥的日子是初五，吉祥的日子是初七。”《礼记》说：“郊外的事情用单日，郊内的事情用双日。”朱子注《孟子》说：“天时是指时、日、干、支、孤虚、王相之类的日子。”总之选择日子要以五行相生相克为用，天干地支的相杀相忌合会为判断，世俗相延已经很久，而吉凶的道理推求乃源于《易经》。因此我们这些地位尊贵的人，凡是有出外迁徙一类的事，自然应当选择吉日吉时。然而既已采用了选择的日子，还应当采用选择的时辰，更不要因为日子的吉利而忽视时辰的吉利。选择家说："选择日子必须妥当选择时辰，吉日不如吉时。"说的就是这个。

训教说：《论语》说："子贡问怎样修养仁德，孔子回答说：'工匠要想做好他的事，必须先把他的工具磨利。'"这句话确实是学习和做事的关键。就像现在的读书人打算去考试一样，必定平时要学得深入，所记诵要广博，自然就能写好文章。凡是遇见一件事情，经历多的人，按照成规定例处理，失败就少。这就是工具锋利而事情自然会做好的道理。

训教说：我今年将近七十，曾看见一家祖父子孙共四五代的。一般来说家世孝敬，他的子孙必然得到富贵，长时间享受吉庆；那些行恶的人，子孙后代或者穷困败落不堪，或者不学好而陷于罪过，以致涉及凶事。像这种情况我见到的很多了。由此看来，只有善事可以给子孙带来幸福。

训教说：我对在各处军队中效力奔走的人时常叫来和他们谈话，这是因为我朝太平时间已久，当今的年轻人对于行兵打仗的事未曾经历过，若问这些行军的旧人，那些功臣的子孙就能够听到他祖父效力行走的事情，也欢欣鼓舞遵循着祖父的事迹而努力去做了。

六十一、清朝以弓矢取天下，习射不可一刻废懈

训曰：我朝旧典[1]，断不可失。朕幼时所见老先辈极多，故服食器用，皆按我朝古制，毫未变更。今住京师已七十余年，居此汉地，八旗满洲后生微微染于汉习者，未免有之，惟在我等在上之人常念及此，时时训戒。在昔金、元二代，后世君长因居汉地年久，渐入汉俗，竟如汉人者有之。朕深鉴此而屡训尔等者，

诚为我朝之首务，命尔等人人紧记，著意谨遵故也。

训曰：我朝祖宗开创以来，弧矢之利，以威天下，伐暴安民，平定海内。今朕上荷祖宗庇荫，坐致升平，岂可一日不事讲习？故朕日率尔诸皇子及近御侍卫人等，射侯射鹄[②]，备仪备典，八旗官兵以时试肄[③]。朕常临御教场，历观兵卒，等其优劣。赏赐褒嘉，黜陟劝勉[④]，故尔旗分佐领[⑤]，各各娴习弓马，武备足观。《礼》曰："男子生，桑弧蓬矢方，以射天地四方。天地四方者，男子所有事也。故必先志于其所有事。"[⑥]又曰："射者，进退周旋必中礼，内志正，外体直。"又曰："立德行者，莫如射，而射者所以观德也。"故"孔子射于矍相之圃，盖观者如堵墙"[⑦]。《易》曰："射隼射雉。"[⑧]《诗》曰："决拾既佽，弓矢既调。""角弓其觩，束矢其搜。""敦弓既坚，四鍭既钧，舍矢既均，序宾以贤。"[⑨]《书》曰："若射之有志。"[⑩]子曰："射不主皮，为力不同科 。"[⑪]"射有似乎君子，失诸正鹄，反求诸其身。"[⑫]周礼以射法治射仪，然则古圣经书射以垂训，历历可鉴，习射上功，宾兴择士[⑬]。况我国家，立德立功，振兴要务，自当严加训练，多方教谕，不可一刻废懈也。

训曰：射御居六艺之中[⑭]，二者相资为用。古人御车虽见于经史，然其法不可得而详。而我朝满洲骑射，其功用则有不可胜言者。盖骑射之道，必自幼习成，方得精熟，未有不善于驭马而能精于骑射者也。抑且乘骑不惮，方克善驭。如我朝满洲并外藩诸蒙古以及索伦、达呼里等俱娴于骑射者[⑮]，盖因自幼乘马，十余岁即能驰骋，故尔马上纯熟，善于控御也。当狝狩之时[⑯]，猎骑云屯，风生电发，其中精于骑射者，人马相得，上下如飞，磬控追禽[⑰]，发矢必获，观之令人心目俱爽，诚所谓不失其驰、舍矢如破也。夫善驭马者之逐兽也，驰驱应范，远近合宜。即马之调习者亦知人意之所向，兽远而就之使近，兽合而开之如法。恰当发矢之时，另有一番努力之状，是惟良骥为然也。复有人精于驭马者，不择优劣乘之，惟见其佳，盖人能显马，而马亦能显人也。

［注释］

①旧典：指清朝在入关前的制度。②射侯射鹄：意即射箭靶射中靶心。侯，箭靶，用布或皮革做成，上画以熊、虎、豹等兽形。鹄，箭靶的中心。③试肄：测试练习。④黜陟：贬官曰黜，升官曰陟。⑤佐领：清朝八旗的基层组织牛录中的首领。⑥"男子生"六句：语出《礼记·射义》。意为：男孩生下来后，家门左边悬挂着桑弓蓬矢六支，［三天后］由背负孩子的人［举行射礼］，向天地四方射去。天地四方是男子发展事业的地方。因此必须先使孩子有志于天地四方。桑弧，桑木做的弓。蓬矢，蓬梗做的箭。⑦"孔子射于矍（jué）相之圃"二句：孔子在矍相菜园中［和弟子］演习射礼，围观的人如同一堵墙。矍相，地名，在今山东曲阜城内阙里西。圃，菜园。⑧射隼射雉：语出《易经·解》："公用射隼，以解悖也。"隼（sǔn），捕小鸟之鹰。公射中一只鹰，用来除去强暴。射雉，语出《易经·旅》："射雉，一矢亡，终以誉命。"旅客射中一只野鸡，野鸡带着箭飞走，终究得到了善射的美名。雉，野鸡。⑨"决拾既佽（cì）"二句：语出《诗经·小雅·车攻》。意为：扳指、护肩已经准备，弓和箭已经调理。决，套在手指上的扳指，用以钩弦。拾，护肩。佽，依次排列好。"角弓其觩（qiú）"二句：语出《诗经·鲁颂·泮水》。意为：牛角弓弦已张紧，众箭射出声嗖嗖。角弓，用牛角装饰的弓。觩，张紧弓弦。"敦弓既坚"四句：语出《诗经·大雅·行苇》。意为：有画饰的弓很坚硬，四人的箭都按在弦上，箭射出都中靶心，射中最多的序列为贤。敦弓，有画饰的弓。鍭（hóu），箭名。四鍭，指四人比较射箭。舍矢，射箭。贤，射中多者。⑩若射之有志：语出《尚书·盘庚上》。意为：像射箭要有箭靶。志，指射箭的目标，即箭靶。⑪"射不主皮"二句：语出《论语·八佾》。意为：比赛射箭不一定以穿透箭靶为主，因为每个人的气力不同。皮，用皮做的箭靶。⑫"射有似乎君子"三句：语出《中庸》。意为：射箭有些像君子行道，箭没有射中箭靶的中心，应该返回到自己身上找原因。正鹄，箭靶的中心。⑬宾兴：科举时代，地方官设宴招待应举之士，谓之宾兴，

后又称乡试为宾兴。⑭射御：射箭和驾车。⑮外藩诸蒙古：清朝对归降的蒙古各部称外藩蒙古，归理藩院管理。大漠以南称内蒙古，大漠以北称外蒙古。索伦：明末清初分布在外兴安岭及黑龙江北岸的达斡尔、鄂温克、鄂伦春等族的总称，以渔猎为生。达呼里：即达斡尔。⑯狝（xiǎn）狩：古指秋天打猎。⑰磬控：言善御马，操纵自如。

［译文］

训教说：我朝旧有的典章制度，绝对不可以丢掉。我年幼时看见的老先辈很多，所以衣服食物器用，都遵照我朝古来的制度，丝毫没有变更。如今住在京城已七十余年，居住在这个汉人地方，八旗满洲的年轻人稍微沾染了汉人习惯的，难免没有，只有在我们这些在上位的人时常考虑到这一点，时常教训戒禁年轻子弟。从前金、元二代，后代君长因居住汉人地方年月长久，渐渐染上汉俗，竟然和汉人一样者有之。我深鉴于此而多次教训你们的原因，实因为是我朝的头等大事，命令你们人人要牢记，用心谨慎遵守就是了。

训教说：我清朝从祖宗开创以来，以弓箭之利，威震天下，征伐强暴安定百姓，平定四海之内。现在我上蒙祖宗庇护，不经劳累就达到了天下太平，怎么能一天不从事讲习武备呢？所以我每天率领你们众皇子及身边的侍卫人员，练习射箭射中靶心，按照古代的射礼举行，八旗官兵按时测试练习。我经常亲自到教场去，检阅观看士兵，评定他们的优劣，予以赏赐褒奖，罢黜升迁进行劝勉。因此你们旗下的佐领，人人都娴熟骑射，武力战备可观。《礼记》说："男子生下来，用桑木做成的弓和蓬梗做成的箭六支，来射天地四方，天地四方是男子造就事业的地方，因此必先使孩子有志向于天地四方。"又说："射箭的人，进退旋转必须符合礼节，内心端正，外体正直。"又说："要树立德行，没有比得上射礼。而射礼就是观看人的德行的"。所以"孔子习射礼于矍相的菜园，观看的人像一堵墙"。《易经》说："射中一只飞鹰，射中一只野鸡。"《诗经》

说："扳指、护肩已经准备好，弓矢已经调理。""牛角弓弦已张紧，众箭射出声嗖嗖。""有画饰的弓很坚硬，四人的箭都按在弦上，箭射出去都中靶心，按射中的多少排序坐定。"《尚书》说："像射箭要有箭靶。"孔子说："比赛射箭不一定要穿透箭靶，因为每个人的气力不同。""射箭有些像君子行道，没有射中箭靶的中心，应该返回到自己身上找原因。"周礼以射的法则定射的礼仪，那么古代圣人的经书用射来传布训诫道理，清清楚楚地可以看到，练习射箭是上等技能，设宴招待贤能选择贤士。何况我大清国树立道德建立功业，振兴的关键，自然应当严格加以训练，多方面进行教育，不可一刻废弃松懈。

训教说：射箭和驾车居六艺之中，两者相辅相成发生作用。古人驾车虽见于经史的记载，但是他们的方法不得详知。而我朝满洲骑射，它的功效是用言语说不完的。关于骑射的方法，必须从幼年练习而成，才能精练娴熟，从来没有不善于驾驭马，而能精于骑马射箭的。只有对骑马不害怕，才能很好地驾驭马。例如我朝满洲和外藩蒙古，以及索伦、达斡尔等部族人，都是熟于骑射的，这是因为自幼小时骑马，十多岁就能骑马奔跑了，因而马上功夫很熟练，善于驾驭马。每当秋季围猎之时，骑马打猎者云集，风驰电掣，那些精于骑射的人，人马配合得很好，上马下马如飞，控制马匹追赶禽兽，发箭必有所获。看到这种情况令人赏心悦目，真是所谓往来驱驰有章法，一箭射出定射中啊。这些善于驾驭马而追逐野兽的人，无论是飞跑还是追赶都很符合规范，距离远近都很适宜。即如训练有素的马，也知道人的意图所向，距离兽远就飞跑而使之近，兽聚合就驰骋使之分开。正在发矢之时，另有一番奔跑之状，只有良马才能做到这样。还有人熟练于驾驭马的，不论马之优劣，乘坐上去都显得很好，这是因为人能使用马的长处，马亦能使人发挥自己的长处。

六十二、人惟反躬自省，忏悔改过，自然转祸为福

训曰：朕自幼登极，迄今六十余年，偶遇地震、水、旱，必深自儆省，故灾变即时消灭。大凡天变灾异，不必惊慌失措，惟反躬自省，忏悔改过，自然转祸为福。《书》云："惠迪吉，从逆凶，惟影响。"[①]固理之必然也。

训曰：孟子云："大人者，不失其赤子之心者也。"[②]赤子之心者，乃人生之真性，即上古之淳朴处也。我朝满洲制度亦然。满洲故制看来虽似鄙陋，其一种真诚处又岂易得者哉！我等读书，宜达书中之理，穷究古人立言之意也。

训曰：凡人有训人治人之职者，必身先之可也。《大学》有云："君子有诸己而后求诸人，无诸己而后非诸人。"[③]特为身先而言也。

训曰：天下事固有一定之理。然有一等事，如此似乎可行，又有不可行之处；有一等事，如此似乎不可行，又有可行之处。若此等事，在以义理揆之，决不可豫定一必如此必不如此之心。是故孔子云："君子之于天下也，无适也，无莫也，义之与比。"[④]

训曰：凡人读书或学艺，每自谓不能者，乃自误其身也。《中庸》有云："有弗学，学之弗能弗措也……人一能之，己百之，人十能之，己千之。果能此道矣，虽愚必明，虽柔必强。"实为学最有益之言也。

训曰：人于好恶之心，难得其正。我所喜之人，惟见其善而不见其恶；若所恶之人，惟见其恶而不见其善。是故《大学》有云："好而知其恶，恶而知其美者，天下鲜矣。"诚至言也。

训曰：孟子云："持其志，无暴其气。"[⑤]人欲养身，亦不出此两言。何也？诚能无暴其气，则气自然平和；能持其志，则心志不为外物所摇，自然安定。养身之道，犹有过于此者乎？

训曰：人之一生，多由习气而成。盖自孩提以至十余岁，此数年间，浑然无理，知识未判，一习学业，则有近朱近墨之分。及至成人，士农工商，各随其习，习以成风，虽父兄之于子弟，亦不能令其习好同也。故孔子曰："性相近也，习相远也。"[⑥]有必然者。

[注释]

①"惠迪吉，从逆凶，惟影响"：语出《尚书·大禹谟》。意为：顺从道理就吉祥，随从忤逆就凶险，如同影之随形，响之应声。惠，顺从。迪，道理。影响，如影之随形，响之应声。②"大人者，不失其赤子之心者也"：语出《孟子·离娄下》。意为：有德行的人，不会失去初生婴儿那种纯朴之心。赤子，初生的婴儿。③"君子有诸己而后求诸人，无诸己而后非诸人"：意为：君子在自己身上有美德，然后再要求别人有美德；自己没有恶行，然后再责难别人的恶行。有诸己，自己有善行；无诸己，无恶行。④"君子之于天下也"四句：语出《论语·里仁》。意为：君子对于天下的事情，没有规定一定要怎样做，也没有一定不要怎样做，要根据是否合于义。无适，没有一定要怎样。无莫，没有一定不要怎样。比，靠近，依从。⑤"持其志，无暴其气"：语出《孟子·公孙丑上》。意为：要坚持自己的思想意志，也不要滥用自己的意气感情。⑥"性相近也，习相远也"：语出《论语·阳货》。意为：人天生的本性本来是相互接近的，只是由于后天的习染不同而变得相去很远了。

[译文]

训教说：我从幼年登极做皇帝，到现在已经六十多年，偶然遇到地震、水灾、旱灾，必定自己深深反省儆戒，因而灾害很快消除。大凡上天发生变故灾异，不要惊慌失措，只有反身自省，忏悔改过，自然会转祸为福。《尚书》说："顺从道理就吉祥，随从忤逆就凶险，如影之随形，响之应声。”这是道理之必然。

训教说：孟子说：“有德行的人，不会失去初生婴儿那种纯朴的心。”婴儿纯朴的心就是人生来的本性，也即上古人纯朴的地方。我清朝满洲制度也是这样。满洲的旧制，看来虽然好像浅薄粗陋，它那种真诚纯朴之处又岂是容易得到的吗！我们这些人读书，应当通晓书中的道理，考究古人著书立说的本意。

训教说：凡负有训导人治理人职责的人，必须先以身作则才可以。《大学》曾说：“君子在自己身上有美德，然后再要求别人有美德；自己没有恶行，然后才能责难别人。”这是特别为要自身先做而说的。

训教说：天下事本来就有一定的道理。然而有一种事，这样似乎可行，而又有不可行的地方；有一种事，这样似乎不可行，而又有可行的地方。像这样的事情，在于用道理去考量，绝对不可以预先有一定要如此一定不如此的打算。所以孔子说：“君子对于天下的事情 ，没有一定要怎样做，没有一定不要怎样做，只根据是否合乎于义。”

训教说：凡是人们读书或学技艺，每每自认为不能学会，这是在自误其身。《中庸》有言：“有未曾学习的知识，学习了但没有学会就不停止……别人一次就能学会的，自己用一百次；别人十次能学会的，自己用一千次。如果能实践这个道理，虽是愚昧的人必能变得聪明，虽是柔弱的人必能变得坚强。”这实在是治学最有益的话。

训教说：人对自己的好恶之心，很难做到端正。对我所喜欢的人，只看到他的好处，而看不到他的坏处；若是所厌恶的人，只看到他的坏处，而看不到好处。所以《大学》有言：“对于自己所喜欢的人知道他的坏处，对于自己厌恶的人知道他的好处，这种人天下是少有的。”这确是至理名言啊。

训教说：孟子说："要坚定自己的思想意志，也不要滥用自己的意气感情。"人要养身，也不能超出这两句话。为什么呢？能真正不滥用自己的意气情感，那么心气就自然平和；能坚持自己的思想意志，那么心志就不会为外物所动摇，心情自然安定。保养身体的方法，还有胜过这个的吗？

训教说：人的一生，大多由习惯养成的气质来决定。从孩提到十多岁，这数年间，处于一种天真质朴的状态，对人、事、物的认识还不能判别。一经学习学业之后，便有近朱近墨的分别。等到长大成人，士农工商，各由他们所习的职业不同，相习而成风，即使父亲对儿子、哥哥对弟弟，也不能命令他们的习惯爱好和自己相同。所以孔子说："人天生的本性本是相互很接近的，由于习染不同而变得相去很远了。"这是很必然的。

六十三、名实一物，好名者则徇名为虚

训曰：程子云[1]：有实则有名，名实一物也。若夫好名者，则徇名为虚矣[2]。如"君子疾没世而名不称"[3]，谓无善可称耳，非徇名也。看来有一等好名之人，惟名是务，不着一毫诚实之处，只管行去，不惟无分毫之实，究至于名亦不能保。程子此言，可谓力行之要道。

训曰：程子云：所谓利者，不独财利之利，凡有利心便不可。如作一事，但寻自己稳便处，皆利心也。圣人以义为利，义安处便是利。凡人惟弃利己之心，以求义之所安，则为忠臣者亦此道，为孝子者亦此道。人人皆当以此语为至教而奉行之也。

训曰：荀子云："身劳而心安者为之，利少而义多者为之。"[4]此二语简而要。人之一世能依此二语行之，过差何由

而生？

训曰：朱子云：人作不好底事，心却不安，此是良心。但被私欲蔽锢[⑤]，虽有端倪，无力争得出。须是着力与他战，不可输与他。知得此事不好，立定脚跟硬地行，从好路去，待得熟时，私欲自住不得。此一节语乃人立心之最要处。良心能胜私欲，为圣为贤，皆此路也。欲立身心者，当详究斯言。

［注释］

①程子：指宋代理学家程颢、程颐兄弟。程颢（1032—1085），字伯淳，学者称明道先生，河南洛阳人。程颐（1033—1107），字正叔，学者称伊川先生。其著作见《二程全书》。②徇名：追求名利，为名而死。③君子疾没世而名不称：语出《论语·卫灵公》。意为：君子引以为憾的是自己死后没有好的名声为人所称道。④“身劳而心安者为之，利少而义多者为之”：语出《荀子·修身》。荀子（约前313—前238），名荀况。战国时思想家，亦称荀卿。⑤蔽固：掩盖，隐匿。

［译文］

训教说：程子说：有实际即有名称，名和实是一个东西。那些好名的人不顾一切地追求名声，结果什么也得不到。如孔子所说的“君子引以为憾的是自己死后没有好的名声为人所称道”，这是说自己没有好的品德被别人称颂，并不是不顾一切地去追求名誉。看来有一种好名之人，只是以追求名声为事业，没有一丝一毫的诚实之处，只顾自己做去，不但没有一分的实际，到最后名声也不能保。程子这话，可以说是努力做事的重要路径。

训教说：程子说：所说的利，不只是财物的利，只要有贪利之心便不可以。譬如做一件事情，只寻找对自己有方便处，这都是贪利之心。圣人把道义当作利，道义之所在便是利，凡是人只要能抛弃利己之心，而寻求道义之所在，成为忠臣的也就是这个方法，成为孝子的也就是这个方法。人人都应当把这些话作为最好的教诲而加以奉行。

训教说：荀子说："身体劳累而内心安然的事可以去做，利益很少而道义多的事情可以去做。"这两句话简明扼要。一个人一生能按照这两句话去做，过错怎么能够产生呢？

训教说：朱子说：一个人做了坏事，内心就感到不安，这就是良心。但良心被私欲掩盖，虽然有不安的表现，却没有力量挣脱出来。就需要下大力气与它战，不要输给它。知道做了这件事不好，要立定脚跟硬着走，向好路走去，等到走熟以后，私欲自然不能占住心灵。这一段话，乃是人立定心志最紧要的地方。良心能战胜私欲，做圣人做贤人，都是由这条路走的，打算立心修身的人，应当详细研究这段话。

六十四、读书当循序而有常，致一而不懈

训曰：朱子云：读书之法，当循序而有常，致一而不懈，从容乎句读文义之间，而体验乎操存践履之实，然后心静理明，渐见意味。不然，则虽广求博取，日诵五车[①]，亦奚益于学哉！此言乃读书之至要也。人之读书，本欲存诸心，体诸身，而求实得于己也。如不然，将书泛然读之何用？凡读书人，皆宜奉此以为训也。

训曰：朱子云：读书须读到不忍舍处，方是得读书真味。若读之数过，略晓其义即厌之，欲别求书者，则是于此一卷书犹未得趣也。此言极是。朕自幼亦尝发愤读书看书，当其读某一经之时，固讲论而切记之。年来翻阅，其中复有宜详解者。朱子斯言，凡读书者皆宜知之。

训曰：凡人进德修业，事事从读书起。多读书则嗜欲淡[②]，嗜欲淡则费用省，费用省则营求少，营求少则立品高。读书之

法，以经为主。苟经术深邃然后观史[③]。观史则能知人之贤愚，遇事得失亦易明了。故凡事可论贵贱老少，惟读书不问贵贱老少。读书一卷，则有一卷之益；读书一日，则有一日之益。此夫子所以发愤忘食，学如不及也。

训曰：从来有生知、有学知、有困知，及其成功则一。未有下学既久而不可以上达者[④]。但功夫不可躐等而进[⑤]，尤不可半途而废。《书》云："为山九仞，功亏一篑。"[⑥]正为半途而废者惜也。

训曰：为学之功不在日用之外，检身则谨言慎行，居家则事亲敬长，穷理则读书讲义。至近至易，即今便可用力；至急至切，即今便当用力。用一日之力，便有一日之效。至有所疑，寻人问难[⑦]，则长进通达，自不可量。若即今全不用力，蹉过少壮时光，即使他日得圣贤而师之，亦未必能有益也。

［注释］

①五车：古代书于简册，五车书即五车简册，言书之多。②嗜欲：嗜好和欲望。③经术：经学。④下学：指对日常人情事理的学习。上达：指通达于高尚的仁义之道。⑤躐（liè）等：指不循序渐进而超越等级。⑥为山九仞，功亏一篑：语出《尚书·旅獒》。意为：用土堆积九仞的高山，因为放弃最后一筐土，九仞的功劳都亏损了。九仞，表示高。篑，土筐。⑦问难：向别人求教疑难的问题。

［译文］

训教说：朱子说：读书的方法，应当循序而坚持，专一而不懈怠，从容领会每一句和全文的大义，体验身体力行和实践的内容，然后心情平静，道理明白，渐渐看到书中所蕴含的意味。不然，即使到处搜求图书，每日可诵读五车，对于学习又有什么益处啊！这些话对于读书是最重要的。人们读书，本来是想保存在心里，体验在身上，而使自己求得真实的本领。假若不是这样，只把书随便看看，有什么用呢？凡是读书人都应该遵行这些话以为教训。

训教说：朱子说：读书只有读到不忍舍弃的程度，才算是解得书中的真意。如果只是读了数遍，略微知道它的意义就满足了，又想另找别的书读，这就是对这一卷书还没有得其趣者。这话说得极对。我自幼也曾发愤读书看书，当自己读到某一经书时，一定讲论并且牢牢记住。近年来又翻阅其中读过的，还有应当详加解释的地方。朱子这些话，凡是读书的人都应该知道。

训教说：大概人要提高德行、修习学业，件件事都要从读书开始。多读书，各种嗜好和欲望就淡薄了；嗜欲淡薄，生活费用就节省了；费用节省，谋求就少了；谋求少，树立的人品就高。读书的方法，应以读经书为主。如果经书已经理解深透，然后再看史书。观看史书能够知道人的贤愚，遇到事情，得失也就容易明白了。所以凡事情可以分别贵贱老少，只有读书不问贵贱老少。读书一卷，就有一卷的好处；读书一天，就有一天的好处。这就是孔夫子为什么发愤忘食，努力学习还恐怕赶不上的原因。

训教说：从来人有生下来就明白道理的，有通过学习而明白道理的，有感到困难而学习明白道理的，等到成功都是一样的。没有对人情事理学习既久而不可以上达到仁义道德的。但学习的功夫不可越过等级而进，更不可半途而废。《尚书》说："用土堆积九仞的高山，因为放弃了最后一筐土，九仞的功劳都亏损了。"这正是为半途而废的人感到惋惜。

训教说：做学问的功夫，不在日常事用之外，约束自身就要言谈和行为谨慎，在家里要侍奉亲人、尊敬长辈，穷究道理就要读书讲论道义。最接近最容易的事，现在便可用力实行；最紧急最重要的事，现在便当用力实行。用一天的力量，便有一天的效果。遇到有疑问的地方，便找人请教解释，那么学业的长进通达，就不可限量了。如果现在全不用功努力，浪费掉青春壮年的时光，即使以后再拜圣贤为师，也未必能有益处。

六十五、人在幼稚，精神专一，故须早学

训曰：人在幼稚，精神专一通利；长成以后，则思虑散逸外驰。是故应须早学，勿失机会。朕七八岁所读之经书，至今五六十年，犹不遗忘。至于二十以外所读经书，数月不温，即至荒疏矣。然人或有幼年遭逢坎壈[①]，失于早学，则于盛年尤当励志。盖幼而学者也，如日出之光；壮而学者，如炳烛之光[②]。虽学之迟者，亦犹贤乎始终不学者也。

训曰：为学之功，有三等焉：汲汲然者[③]，上也；悠悠然者[④]，次也；懵懵然者[⑤]，又其次也。然而懵懵者非不向学，心未达也；诱而达之，安知懵懵者之不为汲汲也。惟悠悠者最为害道，因循苟且，一曝十寒，以至皓首没世[⑥]，亦犹夫人而已。古之圣人进修贵勇，如汤之盘铭曰[⑦]：“苟日新，日日新，又日新。”夫岂有瞬息悠悠之意哉！孔子曰：“有能一日用其力于仁矣乎。”[⑧]盖深悯学者之悠悠，而冀其奋然用力也。学而能日新，则缉熙不已[⑨]，造次无忘[⑩]，旧习渐渐而消，至趣循循而入，欲罢不能，莫知所以然而然。故诗人美汤曰“圣敬日跻”也[⑪]。

训曰：先儒有言：“穷理非一端，所得非一处，或在读书上得之，或在讲论上得之，或在思虑上得之，或在行事上得之。读书得之虽多，讲论得之尤速，思虑得之最深，行事得之最实。”此语极为切当，有志于格物致知之学者[⑫]，其宜知之。

［注释］

①坎壈（lǎn）：困顿，不得志。②炳烛：燃烛照明。③汲汲然：心情急切的样子。④悠悠然：悠闲自在的样子。⑤懵（měng）懵然：昏惑、糊涂、

模糊不清的样子。⑥皓首没世：白头到死。⑦盘铭：盘上所刻的铭文。盘，古代舆沐用具。⑧有能一日用其力于仁矣乎：语出《论语·里仁》。意为：有能一天致其力于仁德的吗？⑨缉熙：发扬光大。⑩造次：匆忙，仓促，轻易。⑪圣敬日跻：语出《诗经·商颂·长发》。汤的圣敬之德日日上升。日跻，日日上升。⑫格物致知：推究事物的道理而获得知识。格，推究。物，事。致，获得。

[译文]

训教说：人在幼年时，精神专一畅通；长大以后，思想就分散外驰。因此之故应当趁早学习，不要错失良机。我七八岁时读过的经书，至今已五六十年，还没有忘记。至于二十岁以后所读的经书，几个月不温习就生疏了。然而有的人幼年遭逢困苦，失去了早学的机会，那么在壮年就更应当振奋志向。这是因为幼年时学习的人，如同初升的太阳光芒万丈；壮年学习的人，如同点着蜡烛照明。即使很晚才开始学习，也还是比始终不学要好。

训教说：做学问的功效有三个等级：心情急切地学习，这是上等；悠闲自得地学习，这是次一等；昏昏然糊里糊涂地学习，这是又次一等。但是昏昏然者并不是不想学习，而是心里不通达；开导他使之通达，怎么能知道昏昏然者不变成汲汲然者呢。只有悠闲自得的学习危害最大，随着流俗得过且过，晒一天冻十天，直到年老至死，也还是一个普通人而已。古代的圣人，进修学业贵在勇于进取。如商汤的盘上铭文说：“如果能一天自新，天天自新，就能每日不断地自新。”哪里还有片刻的悠闲自得之意啊！孔子说：“有能一天致其力于仁德的吗？”这是因为深深怜惜学者的悠悠自得，而希望他们能奋发努力而已。学习能够日日有新的进步，就能发扬光大，时时刻刻不会忘记，旧的坏习惯就会渐渐消亡，直到趋向按步骤进行学习，即使想停止也停止不下来，不知道这样的原因是由于什么而自然去做了。所以诗人赞美商汤说“圣敬的德行日日上升”。

训教说：古代儒者曾这样说：“穷究道理并非一种方法，获得知识也不只是在一个地方，或者通过读书得到，或者通过讲论得到，或者通过自己思虑得到，或者通过日常行事得到。读书得到的虽然多些，讲论得到的理更为迅速，思虑得到的最为深刻，行事得到的最为实际。”这些话非常深刻恰当，有志于穷究事物道理而获得知识的人，应当知道这些。

六十六、天下未有过不去之事，忍耐一时，便觉无事

训曰：春至时和，百花尚铺一段锦绣，好鸟且啭无数佳音，何况为人在世，幸遇升平，安居乐业，自当立一番好言，行一番好事，使无愧于今生，方为从化之良民，而无憾于盛世矣。朕深望之。

训曰：天下未有过不去之事，忍耐一时，便觉无事。即如乡党邻里间，每以鸡犬等类些微之事，致起讼端，经官告理；或因一语戏谑，以致口角争斗。此皆由不能忍一时之小忿，而成争讼之大端也。孔子曰：“小不忍则乱大谋。”[①]圣人之言，至理存焉。

训曰：古人云：“尽人事以听天命。”至哉，是言乎！盖人事尽而天理见，犹治农业者耕垦宜常勤，而丰歉所不可必也。不尽人事者，是舍其田而弗芸也[②]；不安于静听者，是揠苗助之长者也[③]。孔子进以礼，退以义，所以尽人事也。得之不得曰“有命[④]”。是听天命也。

训曰：子曰：“吾非斯人之徒与而谁与？”[⑤]人生斯世，自少而壮，自壮而老，孰能一日不与斯世、斯人相周旋耶？顾应之得其道，我与世相安；应之不得其道，则世与我相违。庄子曰：“人能虚己以游世，其孰能害之？”[⑥]此言善矣！

[注释]

①小不忍则乱大谋：语出《论语·卫灵公》。意为：小事不能忍耐就会破坏大的谋划。②芸：通“耘”，除草，泛指耕种农事。③揠苗助之长：拔苗助长。④有命：由命运主宰。语出《论语·颜渊》中的“死生有命，富贵在天”。⑤吾非斯人之徒与而谁与：语出《论语·微子》。意为：我不跟世人打交道而跟谁在一起呢？⑥“人能虚己以游世，其孰能害之”：语出《庄子·山林》。意为：一个人能虚心以优游于世间，有谁能伤害呢？虚己，虚心。游世，优游于世。庄子（约前369—前286），名周，战国时思想家。

[译文]

训教说：春天来临气候温和，百花还在地上铺着一段锦绣，鸟儿还婉转地叫出无数佳音，何况为人在世，又有幸遇上太平盛世，安居乐业，自当树立一番好的言论，做一番好的事情，使自己无愧于今生，这才是接受了教化的良民，盛世也就没有什么遗憾了。我深切希望这样。

训教说：世上没有过不去的事情，忍耐一时，就没有什么事情了。即如乡亲邻里间常常因为鸡犬之类的微小事情，引起诉讼，告官审理；或者因为一句玩笑的话，引起口角争斗。这都是由于不能忍耐一时的小愤怒，而酿成诉讼的大事端。孔子说：“小事不能忍耐就破坏了大的谋划。”圣人说的话，有最深刻的道理在里面。

训教说：古人说：“尽人的力量而听从天命。”这是多好的话！乃是人的努力全做到了而天理就会显现出来，如同从事种地的人应当经常勤劳耕垦，而是丰收或是歉收那是不一定的。不努力于人事的，就是舍弃田地不耕耘；不安心听从天命的，就是拔苗助长的人。孔子前进根据礼，后退根据义，这样做就是为了尽人事。能得到或者得不到，他都说“由天命主宰”。这就是听从天命啊。

训教说：孔子说：“我不跟世人打交道而跟谁在一起呢？”人生在这个世上，从少年到壮年，从壮年到老年，谁能一天不和这个世道、这些世人互相交际来往呢？若应对得合乎道义，我和世人就相安无事，应对得不合道义，那么世道就会和我相背。庄子说："一个人能虚心以优游于世间，有谁能伤害呢？"这话说得好极了！

六十七、一句名言提醒千百年以下之人

训曰：学以养心，亦所以养身。盖杂念不起，则灵府清明①，血气和平，疾莫之撄②，善端油然而生，是内外交相养也。

训曰：庄子曰："毋劳汝形，毋摇汝精。"③又引庚桑子言之曰："毋使汝思虑营营。"④盖寡思虑所以养神，寡嗜欲所以养精，寡言语所以养气，知乎此可以养生。是故形者⑤，生之器也；心者，形之主也；神者，心之会也。神静而心和，心和而形全。恬静养神，则自安于内，清虚栖心⑥，则不诱于外，神静心清，则形无所累矣。

训曰：劝戒之词，古今名论、亹亹书记中⑦，无处不有，其殷勤痛切，反复叮咛，要之，欲人听信遵行而已。夫千百年以下之人，与千百年以上之人，何所关切而谆谆训戒若此？盖欲一句名言提醒千百年以下之人，使知前车之覆，而为后车之戒也。后学读圣贤书，看古人如此血诚教人念头⑧，岂可草草略过？是故朕常教人看古人书，须念作者苦心，甚勿负前人接引后学之至意也。

［注释］

①灵府：指心。②撄（yīng）：触犯，伤害。③"毋劳汝形"二句：语出《庄子·在宥》。意为：不要劳累你的形体，不要扰乱你的精神。④庚桑子：《庄子》一书中的虚构人物，说是名庚桑楚，老子的弟子，战国时楚人，也作亢桑子。毋使汝思虑营营：不要使你的思虑忙碌而不息。营营，劳而不知休

息。⑤形：指形体、身体。⑥栖心：寄托心意。⑦亹（wěi）亹：勤勉不倦的样子。⑧血诚：极为真诚。

[译文]

训教说：学习可以养心性，也可以养身体。这是因为杂念不产生，则心灵就清静明朗，血气和顺，疾病不会侵害身体，善念便会自然产生，这是内外相互养生的道理。

训教说：庄子说："不要劳累你的形体，不要扰乱你的精神。"又引用庚桑子的话说："不要使你的思虑忙碌而不息。"这是因为少思虑能够养心神，少嗜欲能够养精血，少言语能够养气息，知道这些道理就可以养生了。因此形体是生理的器官，心灵是形体的主宰，精神是心灵的聚会。精神安静而心情就平和，心情平和而形体就健康。恬静保养精神，心情就自安于内，清静虚无，心就不为外物所诱，神志宁静，内心清明，形体也就没有什么牵累了。

训教说：劝诫人的话，古今名论勤勉不倦地说，书中记载处处都有，其用心深厚沉痛恳切，反复叮嘱，总之，是希望人们听从遵行而已。至于千百年以后的人，与千百年以前的人，为什么如此关心而不倦地教训呢？乃是想用一句名言，提醒千百年以后的人，使他们知道前车的翻覆，以为后车的鉴戒。少年学子读古圣贤的书，看古人如此极为真诚地教诲人的念头，难道可以随便对待而不学吗？因此我常常教人看古人的书，须体会古人的苦心，千万不要辜负前人引导后学的深意。